Maria Sparing
Integration von gasphasenkondensierten Nanopartikeln in $YBa_2Cu_3O_{7-\delta}$-Multilagen

TUDpress

Maria Sparing

Integration von gasphasenkondensierten Nanopartikeln in $YBa_2Cu_3O_{7-\delta}$-Multilagen

TUDpress

2013

Die vorliegende Arbeit wurde am 06. August 2012 an der Fakultät Maschinenwesen der Technischen Universität Dresden als Dissertation eingereicht und am 19. Februar 2013 erfolgreich verteidigt.

Gutachter:
Prof. Dr. rer. nat. Ludwig Schultz
Prof. Dr. rer. nat. Michael Siegel

Bibliografische Information der Deutschen Nationalbibliothek
Die Deutsche Nationalbibliothek verzeichnet diese Publikation in der Deutschen Nationalbibliografie; detaillierte bibliografische Daten sind im Internet über http://dnb.d-nb.de abrufbar.

Bibliographic information published by the Deutsche Nationalbibliothek
The Deutsche Nationalbibliothek lists this publication in the Deutsche Nationalbibliografie; detailed bibliographic data are available in the Internet at
http://dnb.d-nb.de.

ISBN 978-3-944331-06-5

Verlag der Wissenschaften GmbH
Bergstr. 70 | D-01069 Dresden
Tel.: 0351/47 96 97 20 | Fax: 0351/47 96 08 19
http://www.tudpress.de

Kontaktdaten der Autorin: M.Sparing@ifw-dresden.de

Gesetzt vom Autor.
Printed in Germany.

Integration von gasphasenkondensierten Nanopartikeln in $YBa_2Cu_3O_{7-\delta}$-Multilagen

Dissertation
zur Erlangung des akademischen Grades
Doktoringenieur
(Dr.-Ing.)

vorgelegt von

Dipl.-Ing. Maria Sparing
geboren am 08.04.1982 in Dresden

Fakultät Maschinenwesen
der Technischen Universität Dresden
2012

1. Gutachter: Prof. Dr. rer. nat. Ludwig Schultz

Direktor des Institutes für Metallische Werkstoffe und
Wissenschaftlicher Direktor des Leibniz-Institutes für Festkörper-
und Werkstoffforschung (IFW) Dresden e.V.
Helmholtzstraße 20
01069 Dresden

2. Gutachter: Prof. Dr. rer. nat. Michael Siegel

Institutsleiter des Institutes für Mikro- und Nanoelektronische Systeme (IMS)
am Karlsruher Institut für Technologie (KIT)
Hertzstraße 16
76187 Karlsruhe

Eingereicht am: 6. August 2012
Tag der Verteidigung: 19. Februar 2013

Inhaltsverzeichnis

1 Einleitung

Supraleitung - Vom physikalischen Phänomen zum Werkstoff

Materialien im supraleitenden Zustand leiten einen elektrischen Strom verlustfrei und können magnetische Felder vollständig aus ihrem Inneren verdrängen. Eine notwendige Voraussetzung für die Ausbildung des supraleitenden Zustands ist das Unterschreiten einer kritischen Temperatur T_c (Sprungtemperatur) und eines kritischen Magnetfeldes. In den Jahren nach der Entdeckung dieses Phänomens durch Heike Kamerlingh Onnes 1911 war vor allem die Klärung seiner physikalischen Ursachen die treibende Kraft für die Forschung auf dem Gebiet der Supraleitung. Einen wesentlichen Schritt auf diesem Weg lieferten Bardeen, Cooper und Schrieffer 1957 mit der theoretischen Beschreibung des Verhaltens der Elektronen in der supraleitenden Phase (BCS- Theorie für konventionelle Supraleiter) [Bar57].
Heute wird die Forschung zusätzlich durch die Realisierung potentieller Anwendungen der einzigartigen Eigenschaften der Supraleiter vorangetrieben. Grundlage für die technische Nutzbarkeit supraleitender Materialien sind die Entdeckung und die theoretische Erklärung von Verbindungen, die im supraleitenden Zustand ein magnetisches Feld in ihrem Inneren halten können. Abrikosov postulierte 1957 [Abr57], dass die magnetischen Feldlinien im Inneren dieser Supraleiter in normalleitenden Flusswirbeln gebündelt und von Abschirmströmen umgeben sind. [Buc04] Spätere Arbeiten erkannten, dass die Verankerung dieser Flusslinien an Haftzentren (Pinningzentren; *pinning centers*) im Supraleiter die Voraussetzung für einen verlustfreien Stromtransport im Magnetfeld darstellt [Cam72].

Den ersten supraleitenden Werkstoff, der für eine Anwendung in hohen Magnetfeldern geeignet war, stellten Kunzler *et al.* [Kun61] 1961 durch Ziehen von Drähten der A15-Legierung Nb_3Sn mit der Pulver- im-Rohr-Technik (*powder in tube*; PIT) her. Diese Drähte hatten eine Sprungtemperatur von etwa 18 K und trugen bei 4,2 K in 8,8 T eine kritische Stromdichte $j_c > 10^5$ A/cm^2. [Lar01] Tieftemperatursupraleiter, wie NbTi und die A15-Legierungen, werden bis heute für magnetische Hochfeldspulen in Magnetresonanztomographen und Kernspinresonanzspektroskopen, sowie als Ablenkmagnete in Teilchenbeschleunigern eingesetzt. In diesen Anwendungsbereichen sind Supraleiter konkurrenzlos. Die hohen Kosten für die Kühlung mit Helium werden in Kauf genommen.

Die Entdeckung der Hochtemperatursupraleitung durch Bednorz und Müller 1986 [Bed86] und die Messung einer Sprungtemperatur oberhalb des Siedepunktes von Stickstoff in $YBa_2Cu_3O_{7-\delta}$ [Wu87] revolutionierten das Verständnis von Supraleitung und nährten die Hoffnung, weitere Anwendungen realisieren zu können. Hierzu zählen unter anderem verlustarme Stromkabel, Kurzschlussstrombegrenzer, leistungsstarke Generatoren, Motoren mit höheren Leistungsdichten, supraleitende Quanteninterferenzeinheiten (SQUIDs), supraleitende Lager und reibungsfreie Transportsysteme.
In vielen dieser Anwendungsbereiche stehen Supraleiter jedoch in direkter Konkurrenz zu etablierten Werkstoffen, wie Eisen und Kupfer [Fol07]. Ihr Einsatz wird sich nur dort durchsetzen, wo es gelingt, Prozesse kostengünstiger, wartungsärmer oder ökologisch verträglicher zu gestalten. Hieraus ergeben sich spezifische Anforderungen an die supraleitenden Materialien. Sie sollen eine möglichst hohe kritische Temperatur T_c und eine hohe kritische Stromdichte j_c im Magnetfeld, d. h. ein hohes nutzbares Feld, haben und sich zu Leitern (Drähte oder Bänder) verarbeiten lassen. Das hochtemperatursupraleitende Material, das dieses Anforderungsspektrum am besten erfüllt, ist $YBa_2Cu_3O_{7-\delta}$ (YBCO). Es zeigt im Vergleich zu $Bi_2Sr_2Ca_2Cu_3O_x$ die günstigste Kombination aus T_c, H_{c2} und H_{irr} [Lar01]. Aufgrund seiner keramischen Natur und der Anisotropie seiner supraleitenden Eigenschaften können Leiter aus $YBa_2Cu_3O_{7-\delta}$ jedoch nicht wie die Tieftemperatursupraleiter aus polykristallinem Material gezogen werden. Durch die Entwicklung von beschichteten metallischen Bändern ist es heute möglich, $YBa_2Cu_3O_{7-\delta}$-Schichten biaxial texturiert auf Substrate von mehreren hundert Meter Länge aufzubringen und daraus hochstromtragende Leiter zu fertigen.

$YBa_2Cu_3O_{7-\delta}$ - Auf der Suche nach der optimalen Defektlandschaft

Für eine auch ökonomisch interessante Nutzung von $YBa_2Cu_3O_{7-\delta}$-Leitern ist eine Erhöhung ihrer Stromtragfähigkeit erforderlich. Diese gezielte Eigenschaftsverbesserung ist gegenwärtig ein zentraler Punkt der anwendungsorientierten Forschung auf dem Gebiet der Hochtemperatursupraleitung. Die kritische Stromdichte j_c von Leitern im Magnetfeld ist entscheidend von der Art und Effektivität der Pinningzentren im $YBa_2Cu_3O_{7-\delta}$ abhängig. Im Vergleich zu Massivproben findet man in epitaktischen YBCO-Dünnschichten wachstumsbedingt viele potenzielle Pinningzentren. Diese sind jedoch in der Praxis entweder nicht effektiv genug, um thermisch bedingte Fluktuationen zu unterdrücken, oder aber ihre Anzahl ist zu gering, um ausreichend hohe Ströme in technisch relevanten Magnetfeldern transportieren zu können. Aus diesem Grund wurden in den letzten Jahren eine Reihe von Verfahren entwickelt, mit denen die Dichte und die Anzahl von Pinningzentren im Material künstlich erhöht werden kann.

Hauptaugenmerk der Forschung zu künstlichen Pinningzentren ist die Identifikation und die gezielte Erzeugung solcher Defekte oder Defektkombinationen, die sich am effektivsten auf die Verbesserung der supraleitenden Eigenschaften auswirken.
Eine Möglichkeit diese Eigenschaften, d. h. die Pinningkraftdichte bzw. die kritische Stromdichte in YBCO-Dünnschichten zu erhöhen, besteht in der Erzeugung künstlicher Pinningzentren durch das Einbringen von nanoskaligen Ausscheidungen oder Partikeln in die supraleitende Matrix [MD04, Mat04, Ayt05, Gap05, Hän06, Gut07]. Diese Technik wird wegen ihrer guten Skalierbarkeit sowohl für physikalisch als auch für chemisch synthetisierte $YBa_2Cu_3O_{7-\delta}$-Schichten untersucht. Die Eigenschaften der modifizierten Dünnschichten werden nicht nur vom Material und der Art der Ausscheidungs- bzw. Partikeleinbringung beeinflusst, sondern auch entscheidend von der Morphologie und Dichte der Partikel. Der Einfluss der Partikeleigenschaften auf die Defekterzeugung und damit auf die kritische Stromdichte ist jedoch bis heute nicht ausreichend verstanden. Hierfür gibt es eine Reihe von Gründen:
Zum einen ist es sehr aufwändig pinnende Defekte eindeutig zu identifizieren und eine lokale Korrelation zwischen der Dichte, der Größe und der geometrischen Anordnung dieser Defekte auf der einen sowie den elektrischen Eigenschaften des Materials auf der anderen Seite herzustellen. Dies ist häufig nur mit Hilfe der Zielpräparation von Querschnittslamellen mittels fokusiertem Ionenstrahl (FIB) in Kombination mit der hochauflösenden Transmissionselektronenmikroskopie (HR-TEM) möglich.
Zum anderen hängt die Defekterzeugung nicht nur von den eingebrachten Partikeln ab, sondern wird zusätzlich in komplexer Weise vom Verfahren der $YBa_2Cu_3O_{7-\delta}$-Schichtherstellung beeinflusst [Mai09]. Für jedes Verfahren der Schichtherstellung und der Partikeleinbringung muss kritisch hinterfragt werden, in welcher Weise sich die einzelnen Prozessparameter auf die Defekterzeugung und das Eigenschaftsprofil der $YBa_2Cu_3O_{7-\delta}$-Schicht auswirken. Dieser Faktor erschwert eine qualitative Bewertung der verschiedenen Präparationsverfahren und Partikeleigenschaften hinsichtlich ihres Potentials die kritische Stromdichte j_c zu erhöhen.
Darüber hinaus erlauben es konventionelle Techniken der Partikelimplementation, wie z. B. die gepulste Laserabscheidung (PLD) oder das Sputtern, nicht, die Partikeldichte und -größe unabhängig voneinander einzustellen und systematisch zu variieren [Mel06b]. Ähnliches gilt für das Einbringen von Partikeln durch chemische Verfahren bei der lösungsbasierten $YBa_2Cu_3O_{7-\delta}$-Abscheidung (*chemical solution deposition*; CSD) [Fre12, Erb12]. Folglich wird die gezielte Einstellung einer für den jeweiligen Anwendungsfall optimierten Defektlandschaft erst dann möglich sein, wenn es gelingt, die Korrelation zwischen Herstellungsverfahren, Struktur und Eigenschaften klar herauszuarbeiten. [Fol07]

Gasphasenkondensierte Nanopartikel in $YBa_2Cu_3O_{7-\delta}$-Multilagen - Vorteile und Herausforderungen

Ein Schritt auf dem Weg zu einem besseren Verständnis des Einflusses der Partikeleigenschaften auf die Defekterzeugung und damit auf die kritische Stromdichte, ist eine systematische Variation der Größe und Dichte von Nanopartikeln. Im Gegensatz zu den konventionellen Verfahren erlaubt die Inertgaskondensation (IGK) die gezielte Herstellung von Nanopartikeln mit vordefinierter Größe und enger Größenverteilung bei unabhängig variierbarer Partikeldichte [Hab94]. Die Modifikation von $YBa_2Cu_3O_{7-\delta}$-Dünnschichten mit derartigen Nanopartikeln war bisher nur über die Dekoration des Substrates vor der Schichtabscheidung möglich [Spa07b], weil kein geeignetes Verfahren zur Integration von IGK-Partikeln in Dünnschichten existierte.
Die vorliegende Arbeit stellt ein neuartiges Verfahren vor, mit dem IGK-Partikel mit vordefinierten Eigenschaften in $YBa_2Cu_3O_{7-\delta}$-Multilagen integriert werden können. Im folgenden Kapitel werden relevante Grundlagen der Supraleitung sowie die Eigenschaften von $YBa_2Cu_3O_{7-\delta}$-Dünnschichten dargestellt. Daran anschließend werden verschiedene Verfahren zur Einbringung künstlicher Pinningzentren in $YBa_2Cu_3O_{7-\delta}$-Dünnschichten vorgestellt. Der Fokus von Kapitel 3 liegt auf der Synthese von HfO_2- und FePt-Nanopartikeln mit definierten Eigenschaften mittels Inertgaskondensation. In Kapitel 4 sind die verwendeten Charakterisierungsverfahren zusammengefasst. Ein Schwerpunkt der Arbeit war die Entwicklung einer experimentellen Anlage, in der sowohl die Kondensation von Nanopartikeln aus der Gasphase als auch die Herstellung von $YBa_2Cu_3O_{7-\delta}$-Multilagen erfolgen kann. Das Konzept und die Funktionsweise dieser kombinierten Sputter-PLD-Anlage sind in Kapitel 5 dargestellt. Darauf aufbauend wurden drei Verfahrenswege zur Herstellung von Nanopartikel-YBCO-Multilagen realisiert. Kapitel 6 zeigt, inwieweit die unterschiedlichen Verfahrenswege die strukturellen und elektrischen Eigenschaften der $YBa_2Cu_3O_{7-\delta}$-Dünnschichten *ohne* Nanopartikel modifizieren. Diese Untersuchung ist eine Voraussetzung für die Abgrenzung der Defekterzeugung durch Partikel von der Defekterzeugung durch den Multilagen-Herstellungsprozess. In Kapitel 7 wird diskutiert, wie sich das Einbringen von HfO_2- oder FePt-Nanopartikeln aus der Gasphase auf die elektrischen Eigenschaften von supraleitenden $YBa_2Cu_3O_{7-\delta}$-Multilagen auswirkt. Die Zusammenfassung der Ergebnisse und die Bewertung des entwickelten Verfahrens zur Integration von IGK-Partikeln in $YBa_2Cu_3O_{7-\delta}$-Multilagen in Kapitel 8 schließen die Arbeit ab.

2 Supraleitende $YBa_2Cu_3O_{7-\delta}$-Dünnschichten

Der Effekt der Supraleitung wurde seit seiner Entdeckung vor einhundert Jahren in einer Vielzahl von Elementen und Verbindungen nachgewiesen. Es gibt zahlreiche Theorien, die sich mit der Erklärung des Phänomens Supraleitung beschäftigen. Im Folgenden werden die Aspekte näher betrachtet, die zum Verständnis der Arbeit nötig sind.

2.1 Supraleitung und Pinning

Phänomenologisch befindet sich ein Material dann im supraleitenden Zustand, wenn bei Unterschreitung einer kritischen Temperatur T_c der spezifische elektrische Widerstand sprunghaft auf unmessbar kleine Werte ($\rho < 10^{-25}$ $\mu\Omega$cm) abfällt. Charakteristisch für Supraleiter ist außerdem, dass sie sich für $T < T_c$ in kleinen Magnetfeldern wie ideale Diamagnete verhalten. Bei einer Abkühlung im Magnetfeld verdrängen ideale Supraleiter den magnetischen Fluss vollständig aus ihrem Inneren (*Meissner-Ochsenfeld-Effekt*).
Quantenmechanisch kann der supraleitende Zustand in konventionellen Tieftemperatursupraleitern über die phononenbasierte Wechselwirkung zwischen zwei Elektronen (*Cooper-Paar*) beschrieben werden. Diese Cooper-Paare kondensieren in einen Zustand, in dem sie eine kohärente Materiewelle mit wohldefinierter Phase bilden (*BCS-Theorie*). Da es in diesem stabilen Zustand nicht zu einem Impulsaustausch durch Wechselwirkung mit dem Atomgitter kommen kann, bewegen sich die Elektronenpaare verlustfrei durch das supraleitende Material. In unkonventionellen Supraleitern, zu denen auch die Hochtemperatursupraleiter gehören, wird die Cooper-Paar-Bildung durch weitere Mechanismen beeinflusst, die jedoch bis heute nicht eindeutig identifiziert sind. [Buc04]

Supraleiter I. und II. Art

Die Supraleiter werden aufgrund ihres unterschiedlichen Verhaltens im Magnetfeld in zwei Kategorien unterteilt. Supraleiter I. Art verdrängen in externen Magnetfeldern unterhalb

des thermodynamisch kritischen Feldes $H_{\text{ext}} < H_{\text{cth}}$ den magnetischen Fluss Φ vollständig aus ihrem Inneren (*Meissner-Phase*). Da sich die magnetische Flussdichte B an der Probenoberfläche nicht unstetig ändern kann, dringt das magnetische Feld jedoch in die Oberfläche des Supraleiters ein. Dieser Bereich, in dem die magnetische Flussdichte B exponentiell auf 1/e abfällt wird als Londonsche Eindringtiefe λ_L bezeichnet. Oberhalb des thermodynamisch kritischen Feldes H_{cth} geht der Supraleiter in den normalleitenden Zustand über. Zu dieser Gruppe gehören alle elementaren Supraleiter, mit Ausnahme von Nb und Tc. [Buc04]
Supraleiter II. Art verhalten sich in kleinen Magnetfeldern unterhalb des unteren kritischen Feldes H_{c1}, $H_{\text{ext}} < H_{\text{c1}} < H_{\text{cth}}$, wie Supraleiter vom Typ I. Für größere externe Felder $H_{\text{c1}} < H_{\text{ext}} < H_{\text{c2}}$ dringt das Magnetfeld quantisiert in Form von normalleitenden Flussschläuchen in den Supraleiter ein (*Shubnikov-Phase*). Außerhalb dieser Flussschläuche oder Flusslinien (*flux lines*) bleibt das Material supraleitend. Überschreitet das externe Magnetfeld das obere kritische Feld H_{c2}, wird auch der Typ-II-Supraleiter normalleitend. $YBa_2Cu_3O_{7-\delta}$ gehört, wie die meisten supraleitenden Verbindungen, zu den Supraleitern II. Art.

Grenzflächenenergie

Eine Erklärung für das unterschiedliche Verhalten der Supraleiter im Magnetfeld liefert die Betrachtung der Grenzflächenenergie zwischen normalleitender und supraleitender Phase. Abbildung 2.1 illustriert die lokale Änderung der Magnetfeldstärke und der Cooper-Paar-Dichte an der Grenzfläche zwischen supraleitendem und normalleitendem Bereich. Die charakteristische Länge, auf der sich die Cooper-Paar-Dichte n_{C} an der Phasengrenze ändern kann, wird als Ginzburg-Landau-Kohärenzlänge ξ_{GL} bezeichnet. Sie ist, ebenso wie die Londonsche Eindringtiefe λ_{L}, temperaturabhängig.
Die Grenzflächenenergie ΔE berechnet sich aus der Differenz zwischen der Kondensationsenergie E_{K}, die bei der Cooper-Paar-Bildung frei wird, und der Verdrängungsenergie E_{V}, die aufgebracht werden muss, um das Magnetfeld vollständig aus dem Material zu verdrängen:

$$\Delta E = E_{\text{K}} - E_{\text{V}} = \frac{(\mu_0 H_{\text{cth}})^2}{2\mu_0}\left(\xi_{\text{GL}} - \lambda_L\left(\frac{H_{\text{ext}}}{H_{\text{cth}}}\right)^2\right) \tag{2.1}$$

Die Änderung der Gesamtenergie des Systems durch die Ausbildung einer Grenzfläche zwischen supraleitender und normalleitender Phase ist abhängig vom Verhältnis dieser beiden materialspezifischen Kenngrößen (Ginzburg-Landau-Parameter $\kappa = \lambda/\xi$).

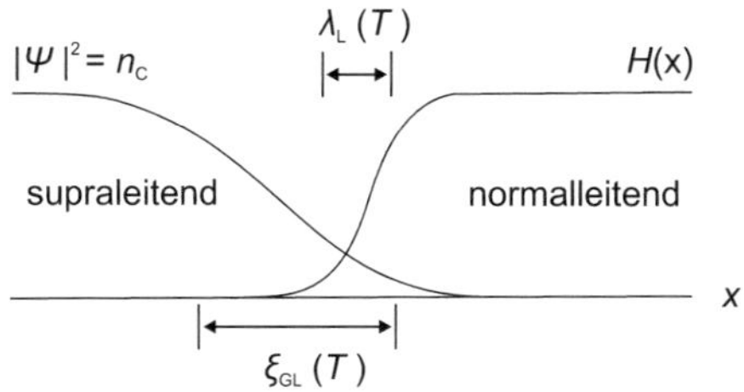

Abb. 2.1: Grenzfläche zwischen supraleitendem und normalleitendem Bereich. Die Londonsche Eindringtiefe λ_L beschreibt die Strecke, auf der das Magnetfeld H(x) exponentiell auf 1/e abgefallen ist. Die Ginzburg-Landau-Kohärenzlänge ξ_{GL} ist die charakteristische Länge, auf der sich die Cooper-Paar-Dichte n_C an der Phasengrenze ändern kann.[Tin04]

Es werden zwei Grenzfälle unterschieden:
i) $\xi_{GL} > \sqrt{2}\lambda_L$: Der Beitrag der Grenzflächenenergie zur Gesamtenergie ist für $H_{ext} < H_{cth}$ positiv ($\Delta E > 0$). Damit ist es für das System energetisch günstiger, keine Grenzflächen auszubilden und das Magnetfeld vollständig aus seinem Inneren zu verdrängen. Dies gilt für die Supraleiter I. Art.
ii) $\xi_{GL} < \sqrt{2}\lambda_L$: Für $H_{ext} < H_{c1}$ ist die Grenzflächenenergie positiv. Das Magnetfeld wird wie im Supraleiter I. Art verdrängt (*Meissner-Phase*). Für $H_{c1} < H_{ext} < H_{c2}$ ist die Grenzflächenenergie negativ. Das bedeutet, dass die Bildung von Grenzflächen zwischen normalleitender und supraleitender Phase mit einem Energiegewinn verbunden ist. Eine maximale Anzahl von Grenzflächen wird dadurch erzeugt, dass der magnetische Fluss im Supraleiter in normalleitende Flussschläuche aufgespalten wird. Jeder dieser Flussschläuche trägt jeweils ein elementares Flussquant Φ_0 (Φ_0 = h/(2e) ≈ 2,068*10^{-15} kg m^2A^{-1} s^{-2}). Diese Koexistenz von normalleitenden und supraleitenden Bereichen in der *Shubnikov-Phase* ist charakteristisch für die Supraleiter II. Art.

Shubnikov-Phase und Flussliniengitter

In einem ideal homogenen Supraleiter ordnen sich die Flussschläuche in der Shubnikov-Phase mit einem maximalen Abstand zueinander in einem in der Regel hexagonalen Gitter an (*Abrikosov-Gitter*, Abbildung 2.2(a)). Die Dichte der Flusslinien n ist direkt proportional zur Flussdichte im Supraleiter:

$$B = n * \Phi_0 \tag{2.2}$$

Der Abstand der Flussschläuche im hexagonalen Gitter ist infolge der Flussquantisierung abhängig vom angelegten Feld:

$$a = 1,075\sqrt{\frac{\Phi_0}{\mu_0 H}} \tag{2.3}$$

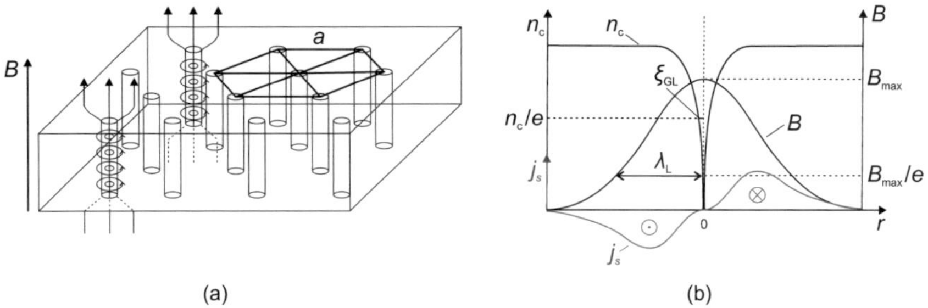

Abb. 2.2: (a) Die Flussschläuche ordnen sich in der Shubnikov-Phase in einem hexagonalen Gitter an, dem *Abrikosov-Gitter.* Jeder Flussschlauch ist von einem Ringstrom umgeben, der den supraleitenden vom normalleitenden Bereich abschirmt. (b) Örtliche Variation von Cooper-Paar-Dichte n_C, Flussdichte B und Suprastromdichte j_s um einen Flussschlauch. [Buc04]

Abbildung 2.2(b) zeigt die Änderung der Cooper-Paar-Dichte n_C, die Flussdichteverteilung und die Suprastromdichte j_s in und um eine Flusslinie. Im Kern der Flusslinie ist die Cooper-Paar-Dichte $n_C = 0$ und die magnetische Flußdichte ist maximal. Der Durchmesser eines Flussschlauches ist temperaturabhängig. Er wird von der Änderung der Cooper-Paar-Dichte n_C und der magnetischen Flussdiche B über dem Ort mit ξ_{GL} bzw. λ_L bestimmt. Jede Flusslinie ist von einem Ringstrom (*vortex*) umgeben, der den supraleitenden vom normalleitenden Bereich abschirmt. [Buc04]

Stromtransport und Pinning

Legt man an einen Typ-II-Supraleiter einen Transportstrom mit der Dichte $\vec{j}$ an, so erzeugt dieser zusammen mit der in den Flusslinien quantisierten magnetischen Flussdichte eine Kraft $\vec{F}_L$ (*Lorentzkraft*). Diese wirkt senkrecht zu Strom und Flussdichte (Abbildung 2.3).

$$\vec{F}_L = \vec{j} \times \vec{B} \tag{2.4}$$

Im defektfreien, sog. idealen Supraleiter bewegen sich die Flusslinien unter Einwirkung der Lorentzkraft. Diese Bewegung ist mit elektrischen Verlusten und lokaler Wärmeentwicklung verbunden, die zu einem Übergang in einen resistiven Zustand führen können. Da somit kein verlustfreier Stromtransport möglich ist, wäre ein idealer Typ-II-Supraleiter für technische Anwendungen nicht nutzbar.

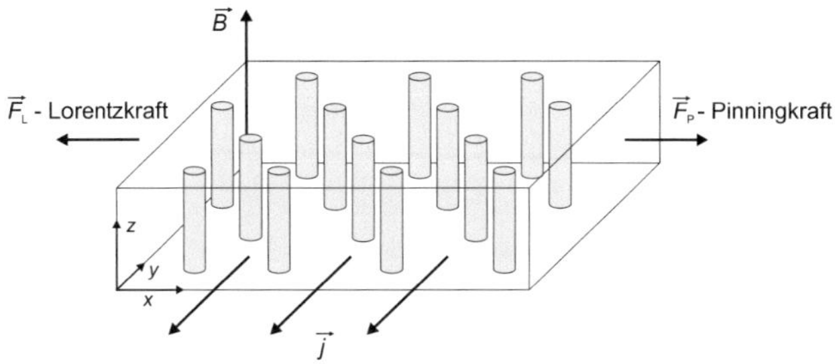

Abb. 2.3: Die Transportstromdichte $\vec{j}$ erzeugt zusammen mit der in den Flussschläuchen quantisierten magnetischen Flussdichte $\vec{B}$ die Lorentzkraft $\vec{F}_\mathrm{L}$. $\vec{F}_\mathrm{L}$ wirkt senkrecht zu $\vec{j}$ und $\vec{B}$ auf die Flusslinie und kann diese durch die supraleitende Matrix bewegen. Durch Pinningzentren im Supraleiter wird der Lorentzkraft eine Pinningkraft F_P entgegengesetzt, die die Bewegung der Flusslinien erschwert.

Reale supraleitende Materialien weisen in ihrem Gitter jedoch eine Reihe von Defekten auf. Diese wirken für die Flusslinien wie lokale Energieminima[1] und erhöhen die Kraft, die zur Bewegung der Flusslinien aufzubringen ist. Die Energie, die zur Erzeugung einer normalleitenden Flusslinie aufgebracht werden muss, ist proportional zur Länge der Flusslinie. Eine Verringerung dieser Länge, z. B. durch den Einbau normalleitender Bereiche, stellt somit für die Flusslinie eine energetisch günstigere Position dar. Erst dieser, als Pinning bezeichnete, Effekt ermöglicht den Stromtransport in supraleitenden Materialien und macht sie für den technischen Einsatz im Magnetfeld interessant.
Neben dem bisher dargestellten Pinningmechanismus an normalleitenden Defekten wird seit vielen Jahren auch der Einfluss *magnetischer* Ausscheidungen oder Schichten auf das Pinning diskutiert [Ald66, Bul00, Jan03, Kay05]. Nach Blamire *et al.* [Bla09] bewirkt ein magnetisches Teilchen, zusätzlich zur Verkürzung der effektiven Flusslinienlänge in der supraleitenden Matrix, eine Reduktion des effektiven magnetischen Flusses in der Flusslinie. Dadurch verringert sich die lokal auf die Flusslinie einwirkende Lorentzkraft. Einen experimentellen Nachweis für dieses Modell gibt es jedoch bisher nicht.

Wird an einen realen Supraleiter II. Art (auch harter Supraleiter genannt) ein Transportstrom angelegt, so wirkt der Lorentzkraft die Pinningkraft $\vec{F}_\mathrm{P}$ entgegen. Die Pinningkraft beschreibt die Wechselwirkung des Flussliniengitters mit den Defekten. Sie resultiert nicht

[1]Defekte führen infolge der sie umgebenden Spannungsfelder zu einer Modulation der Gitterparameter. Im Umfeld von Defekten kann daher die Kondensationsenergie, die zur Erzeugung von Cooper-Paaren aufgebracht werden muss, eine andere sein als in der supraleitenden Matrix.

nur aus der Energieabsenkung einzelner Flusslinien durch Längenreduktion, sondern wird auch durch kollektive Effekte bestimmt. Darunter versteht man die Verbiegung und die gegenseitige Abstoßung der Flusslinien zur Minimierung der Gesamtenergie des Flusslinengitters. Verluste durch die Bewegung des Flussliniengitters treten erst dann auf, wenn der Transportstrom oder die magnetische Flussdichte so groß sind, dass die Lorentzkraft die Pinningkraft übersteigt. Der Transportstrom pro Fläche, für den sich ein Kräftegleichgewicht zwischen Lorentzkraft und Pinningkraft einstellt, wird als kritische Stromdichte j_c bezeichnet (Gleichung 2.5).

$$\vec{F}_L = \vec{j_c} \times \vec{B} = -\vec{F}_P \tag{2.5}$$

Der kritische Zustand des pinnenden Typ-II-Supraleiters ist dann erreicht, wenn sich die kritische Stromdichte im gesamten Supraleiter eingestellt hat (*Bean-Model*). [Buc04] In der Praxis wird j_c über ein Feldkriterium definiert (siehe Kapitel 4.4).
Die Stromtragfähigkeit eines supraleitenden Werkstoffes ist somit entscheidend von der Pinningkraft, d. h. der Effektivität der Pinningzentren abhängig. Besonders wirksame Pinningzentren sind normalleitende Ausscheidungen in Größenordnung der Ginzburg-Landau-Kohärenzlänge ξ_{GL} des Materials und Versetzungen, die über ihre Spannungsfelder mit den Flusslinien wechselwirken. In YBCO-Dünnschichten natürlich auftretende sowie künstlich erzeugbare Pinningzentren werden in Kapitel 2.3 ausführlich dargestellt.

2.2 Herstellung und Eigenschaften von $YBa_2Cu_3O_{7-\delta}$-Dünnschichten

2.2.1 Gepulste Laserabscheidung von $YBa_2Cu_3O_{7-\delta}$-Dünnschichten

$YBa_2Cu_3O_{7-\delta}$

$YBa_2Cu_3O_{7-\delta}$ hat eine perowskitartige Kristallstruktur. Die $YBa_2Cu_3O_{7-\delta}$-Einheitszelle ist aus den drei übereinander gestapelten perowskitischen Elementarzellen[2] $BaCuO_3$, $YCuO_3$, und $BaCuO_3$ aufgebaut (Abbildung 2.4). Es bleibt jedoch ein Teil der in dieser Struktur möglichen Sauerstoffplätze unbesetzt. Für das Verständnis der supraleitenden Eigenschaften ist es häufig einfacher, $YBa_2Cu_3O_{7-\delta}$ als Schichtstruktur zu betrachten in der sich Ebenen aus CuO_2 mit Zwischenschichten aus Ba-O oder Y abwechseln [Buc04]. Die zentrale Ebene besteht aus Y-Atomen. Sie ist von den supraleitenden CuO_2-Ebenen umgeben.

[2] Perowskitische Elementarzellen weisen eine pseudokubische Struktur mit der Zusammensetzung ABO_3 auf, bei der kleinere B^{4+}-Ionen auf den Ecken eines kubischen Gitters sitzen und oktaedrisch mit O^{2-}-Ionen koordiniert sind. Der zentrale Oktaederplatz ist mit einem A^{2+}-Ion besetzt [Buc04].

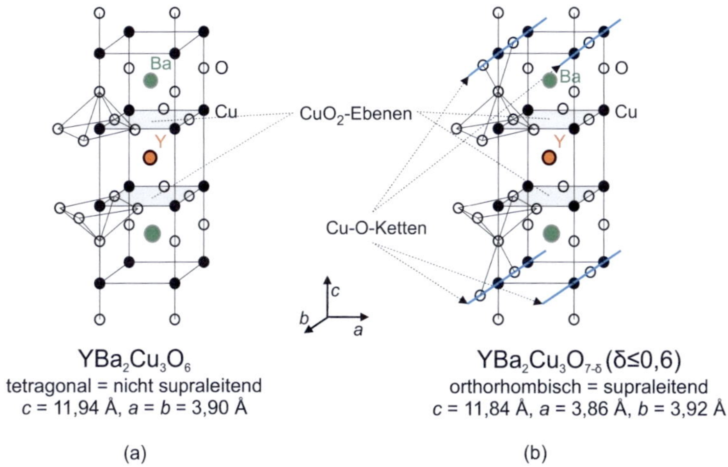

Abb. 2.4: (a) Tetragonale und (b) orthorhombische Elementarzelle von $YBa_2Cu_3O_{7-\delta}$. [Jor87a] $YBa_2Cu_3O_{7-\delta}$ ist nur bei einem Sauerstoffgehalt von $\delta \leq 0{,}6$ supraleitend.

Die angrenzenden Lagen aus O-Ba-O und O-Cu wirken als Reservoir für die Ladungsträger [Lar01]. Die Besetzung der Sauerstoffplätze ist entscheidend für die Phasenbildung von $YBa_2Cu_3O_{7-\delta}$ (Abbildung 2.4). Geringe Sauerstoffkonzentrationen $\delta \geq 0{,}6$ führen zur Ausbildung der antiferromagnetischen, tetragonalen $YBa_2Cu_3O_6$-Phase[3].
Die supraleitende orthorhombische $YBa_2Cu_3O_{7-\delta}$-Phase ist erst ab einer Sauerstoffkonzentration von $\delta \leq 0{,}6$ stabil [Jor87b]. Im orthorhombischen $YBa_2Cu_3O_{7-\delta}$ ordnen sich die Sauerstoffionen zwischen den BaO-Ebenen entlang der kristallographischen b-Achse in CuO-Ketten an. Mit wachsender Sauerstoffbeladung der Ketten kommt es zu einer Komprimierung des Gitters in a-Richtung. Die Gitterparameter der $YBa_2Cu_3O_{7-\delta}$-Zelle sind folglich abhängig vom Sauerstoffdefizit δ. Jorgensen *et al.* [Jor90] geben die Gitterkonstanten für $\delta = 0{,}07$ mit a = 3,82 Å, b = 3,98 Å und c = 11,68 Å an. Zudem werden den CuO_2-Ebenen oberhalb und unterhalb es Y^{3+}-Ions mit zunehmendem Sauerstoffgehalt Elektronen entzogen. Die dadurch im Valenzband entstehenden Löcher erhöhen die elektrische Leitfähigkeit der Ebenen und beeinflussen die Bildung der Cooper-Paare. Die supraleitenden Eigenschaften dieser Phase, wie z. B. T_c, sind somit stark vom Sauerstoffgehalt abhängig [Jor87b, Tal95].

[3] In der tetragonalen Phase $YBa_2Cu_3O_6$ ($\delta = 1$) ist kein Sauerstoff in die Cu-Ketten eingebaut, die sich zwischen den BaO-Ebenen befinden.

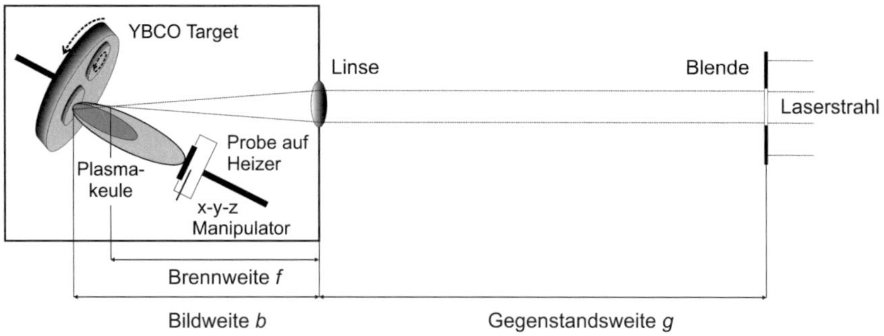

Abb. 2.5: Schematische Darstellung der wesentlichen Komponenten einer On-axis-PLD-Anlage (nicht maßstabsgerecht). Der Abstand zwischen Blende und Linse ergibt sich durch die optische Abbildungsgleichung.

Gepulste Laserabscheidung

Ein in der Grundlagenforschung häufig eingesetztes Verfahren für die Herstellung von Dünnschichten ist die gepulste Laserabscheidung (*pulsed laser deposition*; PLD). Bei der PLD wird das Schichtmaterial mit einem gepulsten Laserstrahl ablatiert und anschließend auf einem geeigneten Substrat abgeschieden. Die $YBa_2Cu_3O_{7-\delta}$-Schichtabscheidung findet in einer Hochvakuumkammer unter Sauerstoffatmosphäre statt (Abbildung 2.5). Ein UV-Excimer-Laser (z. B. KrF mit $\lambda = 248$ nm) wird durch eine rechteckige Lochblende und eine Sammellinse so auf das zu ablatierende Material (*target*) gerichtet, dass die Blende scharf auf dem Target abgebildet wird. Dies gewährleistet eine gleichmäßige Energieverteilung auf dem Target [Bra04]. Durch die Neigung des Targets um 45° zum Laserstrahl wird der Brennfleck nahezu rechteckig abgebildet. Bei der On-axis-PLD ist das Substrat auf einem beheizbaren Halter parallel zum Target angebracht.

Trifft der gepulste Laserstrahl mit ausreichend hoher Energie (Ablationsenergie) auf das Target, wird dessen Oberfläche erhitzt und Material ablatiert, das ionisiert ist und sich mit hoher Geschwindigkeit vom Target weg ausbreitet (Plasmawolke). Da die Gestalt dieser Plasmawolke vom ablatierten Material, der Laserenergie, der Form des Brennflecks und dem Prozessgasdruck abhängt, müssen diese Parameter für das jeweilige Schichtsystem optimiert werden [Kim92]. An der Spitze der Plasmakeule ist das Substrat platziert, auf dem sich das Material abscheidet. Wird das Substrat während der Abscheidung mit einem Widerstands- oder Strahlungsheizer geheizt, erhöht dies die Diffusionsgeschwindigkeit und fördert das epitaktische Aufwachsen der Schicht.

Das Wachstum epitaktischer c-Achsen-orientierter $YBa_2Cu_3O_{7-\delta}$-Schichten erfordert ein Substratmaterial mit ähnlichen Gitterparametern in der a-b-Ebene ($\approx$ 3,83 Å). Häufig wird daher einkristallines $SrTiO_3$ mit einem Gitterparameter von 3,905 Å in (100)-Orientierung verwendet.

Einstellung der orthorhombischen $YBa_2Cu_3O_{7-\delta}$-Phase und Sauerstoffbeladung

Das epitaktische Wachstum von $YBa_2Cu_3O_{7-\delta}$ auf $SrTiO_3$-Einkristallen ist nur in einem begrenzten Druck-Temperatur-Fenster möglich. Depositionsbedingungen in der Nähe der thermodynamischen Stabilitätslinie fördern das Schichtwachstum, da dort die Kationenmobilität hoch ist [Ham89, Kim94]. Typische Parameter für die $YBa_2Cu_3O_{7-\delta}$-PLD auf $SrTiO_3$ sind eine Substrattemperatur zwischen 750 °C und 820 °C und ein Sauerstoffpartialdruck von 0,2 - 0,5 mbar. Unter diesen Bedingungen bildet sich die sauerstoffarme, tetragonale $YBa_2Cu_3O_{7-\delta}$-Phase (siehe Abbildung 2.6(a)). Die supraleitende, orthorhombische Phase kann entweder im direkten Anschluss an die Schichtdeposition durch die Abkühlung der Schicht bei erhöhtem Sauerstoffpartialdruck eingestellt werden (*in situ*), oder durch nachträgliches Glühen in Sauerstoff oberhalb der Umwandlungstemperatur (*ex situ*). Die Sauerstoffbeladung der CuO_2-Ebenen in YBCO-Dünnschichten ist in beiden Fällen ein zweistufiger Prozess, der exemplarisch in Abbildung 2.6(b) dargestellt ist. Die isotherme Erhöhung des Sauerstoffpartialdruckes bei hohen Temperaturen bewirkt die tetragonal-orthorhombische Umwandlung der Elementarzelle. Während der sich anschließenden langsamen isobaren Abkühlung der Schichten kommt es zu einer weiteren Beladung mit Sauerstoff [Kwo91]. Die Parameter dieses Abkühlvorganges (Sauerstoffpartialdruck, Temperaturprofil und Abkühlrate) sind entscheidend für die endgültige Sauerstoffbeladung und damit für die elektrischen Eigenschaften der dünnen Schicht.

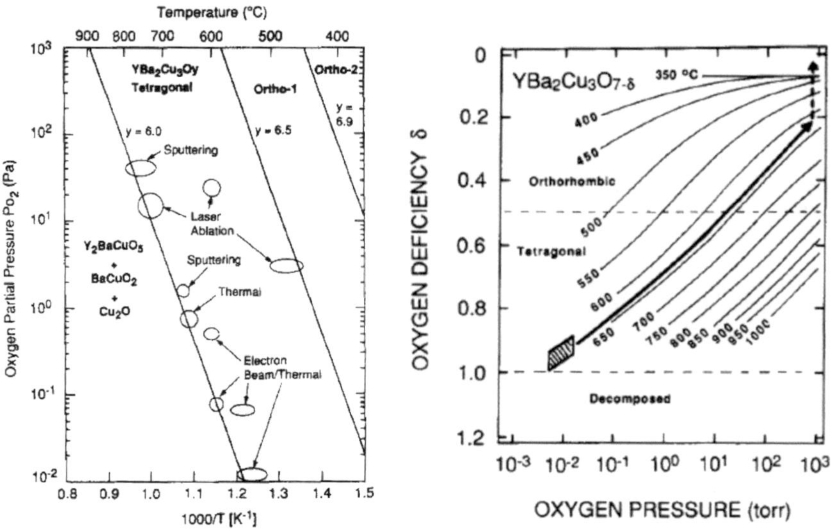

(a) (b)

Abb. 2.6: (a) Phasendiagramm von $YBa_2Cu_3O_y$ [Ham89] in Abhängigkeit von Temperatur und Sauerstoffpartialdruck p_{O_2} mit Angabe ausgewählter Prozessparameter für verschiedene Abscheideverfahren. (b) Phasendiagramm von $YBa_2Cu_3O_{7-\delta}$ [Kwo91, Gal87]. Die Temperatur der tetragonal-orthorhombischen Umwandlung ist abhängig vom Sauerstoffpartialdruck während der Abkühlung. Die Einstellung des Sauerstoffgehaltes ist ein zweistufiger Prozess. Auf die isotherme Strukturumwandlung (durchgehende Linie) folgt die isobare Sauerstoffbeladung (gestrichelte Linie).

2.2.2 Elektrische Eigenschaften von $YBa_2Cu_3O_{7-\delta}$-Dünnschichten

Magnetfeldabhängigkeit der kritischen Stromdichte

Die Magnetfeldabhängigkeit der kritischen Stromdichte kann in drei Bereiche unterteilt werden. Diese werden in der doppelt logarithmischen Auftragung von $j_c(\mu_0 H)$ deutlich (Abbildung 2.7).

i) In kleinen Magnetfeldern ist die kritische Stromdichte nahezu unabhängig von der Stärke des angelegten Feldes. Bis zum Akkomodationsfeld H^* wird die kritische Stromdichte vor allem von der Wechselwirkung der Flusslinien mit einzelnen Defekten bestimmt. Die Flussliniendichte ist so gering, dass eine Wechselwirkung der Flusslinien untereinander vernachlässigt werden kann (Einzelvortexpinning, *single vortex-pinning*) [KE96, Dam99].

ii) Im zweiten Bereich kann der Verlauf von $j_c(\mu_0 H)$ mit einem Potenzgesetz $j_c \approx H^{-\alpha}$ angenähert werden, das die Feldabhängigkeit der kritischen Stromdichte beschreibt. Zu-

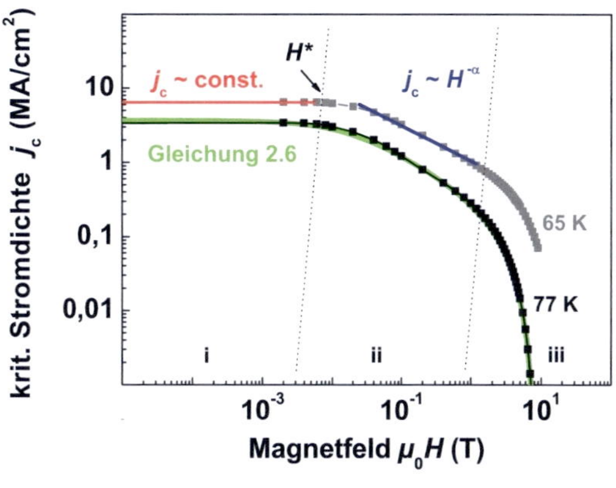

Abb. 2.7: Magnetfeldabhängigkeit der kritischen Stromdichte j_c einer YBCO-Dünnschicht bei 77 K und 65 K in doppeltlogarithmischer Darstellung.

sätzlich zur Wechselwirkung der Flusslinien mit den Defekten wird j_c von den thermisch aktivierten Wechselwirkungen der Flusslinien untereinander bestimmt (*collective pinning*) [Lar79, Pan04].
iii) In hohen Magnetfeldern fällt j_c nahezu exponentiell ab. Mit wachsender Nähe zum Irreversibilitätsfeld steigt der Einfluss thermischer Fluktuationen auf die schwächer werdende Verankerung der Flusslinien.

Eine phänomenologische Beschreibung der Feldabhängigkeit von j_c in $YBa_2Cu_3O_{7-\delta}$ liefert beispielweise die verallgemeinerte Kramer-Gleichung [Kra73, Ayt06, Zue08]:

$$\frac{j_c}{j_c(0)} = \left[1 + \frac{H}{H_0(\theta)}\right]^{-\alpha} \left[1 - \frac{H}{H_{irr}(\theta)}\right]^{\beta} \tag{2.6}$$

Das kritische Magnetfeld, oberhalb dessen kein verlustfreier Stromtransport mehr möglich ist, wird als *Irreversibilitätsfeld* H_{irr} bezeichnet. Es markiert häufig eine Veränderung in der Struktur des Flussliniengitters. Unterhalb von $H_{irr}(T)$ zeigt ein Typ-II-Supraleiter mit pinnenden Defekten ein hysteretisches, d. h. irreversibles Verhalten. Für $H_{irr} < H < H_{c2}$ ist der Verlauf der Magnetisierungskurve $M(H)$ hingegen reversibel. Oberhalb der Irreversibilitäslinie reicht eine thermische Aktivierung aus, dass sich die Flusslinien schon bei kleinsten Transportströmen von ihren Haftzentren losreißen können, somit ist für $H > H_{irr}$ die kritische Stromdichte $j_c = 0$. [Wor11] Für $YBa_2Cu_3O_{7-\delta}$ ist H_{irr} deutlich kleiner als H_{c2} (siehe Abbildung 2.8). Die Lage der Irreversibilitätslinie im Phasendiagramm wird von der Effektivität der Pinningzentren im Material bestimmt.

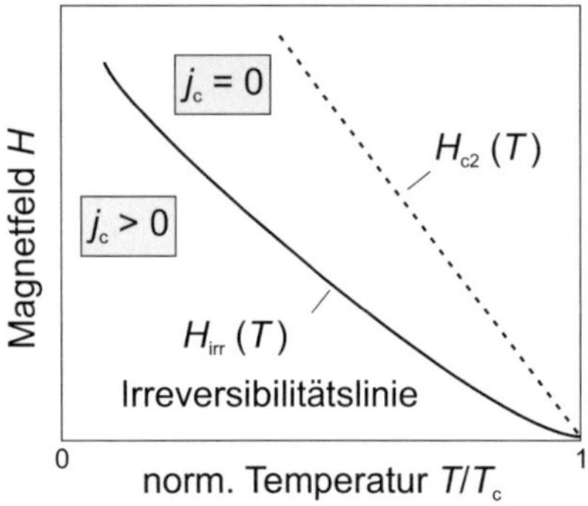

Abb. 2.8: Lage der Irreversibilitätslinie im $H(T)$-Phasendiagramm. Das Irreversibilitätsfeld $H_{\text{irr}}(T)$ ist das kritische Magnetfeld, oberhalb dessen kein verlustfreier Stromtransport mehr möglich ist. [FGR03]

Feldrichtungsabhängigkeit der kritischen Stromdichte

Die elektrischen Eigenschaften von $YBa_2Cu_3O_{7-\delta}$ sind aufgrund des schichtartigen Aufbaus des Kristallgitters stark anisotrop. Die Ginzburg-Landau-Kohärenzlänge beträgt für $T = 0$ K parallel zur ab-Ebene $\xi_{\text{ab}} = 1{,}6$ nm, senkrecht dazu $\xi_{\text{c}} = 0{,}3$ nm [Buc04]. Sie ist damit in c-Richtung kleiner als der Abstand zwischen den CuO_2-Ebenen, was zur Folge hat, dass die Cooper-Paare nur eingeschränkt zwischen den Doppelebenen wechselwirken können und die Supraleitung im Wesentlichen auf die CuO_2-Ebenen beschränkt bleibt. In Abbildung 2.9 ist $j_c(1\text{ T}, 77\text{ K})$ exemplarisch für verschiedene Orientierungen θ des Magnetfeldes dargestellt. Für $H \parallel ab$ ($\theta = 90°$) durchläuft $j_c(\theta)$ ein Maximum. Dieser strukturbedingte Effekt wird durch das intrinsische Pinning an den nicht supraleitenden Bereichen zwischen den CuO_2-Ebenen und die Anisotropie der effektiven Elektronenmasse hervorgerufen.
Für die Anwendung von $YBa_2Cu_3O_{7-\delta}$ als Leitermaterial ist jedoch der weitaus niedrigere Wert der kritischen Stromdiche j_c für $H \parallel c$ ($\theta = 0°$) die maßgebende Größe. Zum einen induziert ein supraleitender Strom auch ohne externes Magnetfeld (im so genannten Nullfeld) ein magnetisches Abschirmfeld mit Feldkomponenten senkrecht zu den CuO_2-Ebenen ($H \parallel c$). Zum anderen wirkt ein externes magnetisches Feld z. B. in Hochfeldspulen in alle Raumrichtungen. Die Erhöhung der Stromtragfähigkeit von $YBa_2Cu_3O_{7-\delta}$ durch das Einbringen künstlicher Pinningzentren zielt daher meist darauf ab, j_c für $H \parallel c$ bzw. in einem möglichst breiten Winkelbereich θ des angelegten Feldes zu erhöhen.

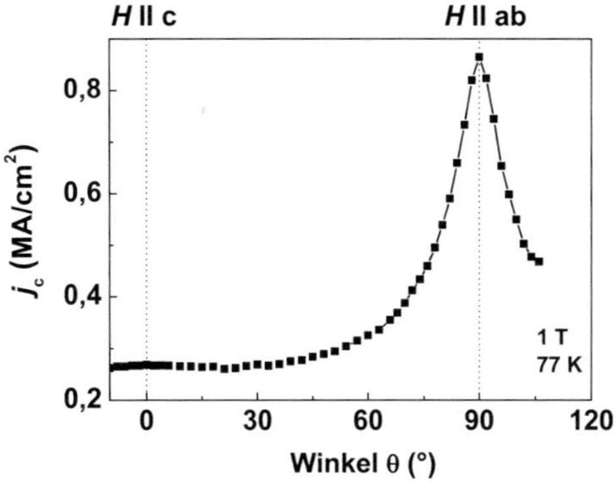

Abb. 2.9: Die kritische Stromdichte j_c von $YBa_2Cu_3O_{7-\delta}$ ist abhängig vom Winkel θ zwischen Magnetfeld H und der c-Achse des Kristallgitters.

Einfluss von Defekten auf die kritische Stromdichte

Der Einfluss von Defekten auf die kritische Stromdichte ist abhängig von ihrer Größe, Form, Dichte und Verteilung in der supraleitenden Matrix. Er kann anhand des Verlaufs von $j_c(\mu_0 H,\, \theta)$ und der Pinningkraftdichte $f_p(\mu_0 H)$ beschrieben werden.
Eine Erhöhung von $j_c(\mu_0 H)$ zeigt sich durch eine Verschiebung des Plateaus (siehe Abbildung 2.7) entweder zu höheren Stromdichten (Erhöhung der kritischen Stromdichte im Eigenfeld $j_{c\ sf}$) oder zu höheren Feldern (Verschiebung des Akkomodationsfeldes H*). Darüber hinaus verbessert sich die kritische Stromdichte im Magnetfeld, wenn die Feldabhängigkeit von j_c sinkt, d. h. wenn der Parameter α klein ist.

Das Einbringen von zusätzlichen Defekten und Fremdphasen führt nicht in jedem Fall zu einer Erhöhung von $j_c(\mu_0 H)$. In PLD-Dünnschichten wird die kritische Stromdichte im Eigenfeld $j_{c\ sf}$ durch Defekte in der Regel abgesenkt. Als einzige Ausnahme hiervon gelten Anpassungsversetzungen, die an den Grenzflächen in sehr dünnen Schichten und Multilagen in hoher Dichte auftreten [Wan06, Fol09].
Während Versetzungen j_c im gesamten Feldbereich verbessern können, variiert die Wirkung von Nanopartikeln und partikulären Ausscheidungen abhängig von Partikelmaterial und Herstellungsverfahren [Fol07, Obr11]. In YBCO-Dünnschichten mit Nanopartikeln wird häufig eine Verringerung der Feldabhängigkeit von j_c beobachtet [MD04, Hau04, Mai09], die auf partikelinduzierte Versetzungen zurückgeführt werden kann [Fol07]. Diese Absenkung des Exponenten α führt jedoch nur dann zu einer nutzbaren Erhöhung von j_c im Feld, wenn dadurch ggf. auch eine Verringerung von $j_{c\ sf}$ kompensiert wird.

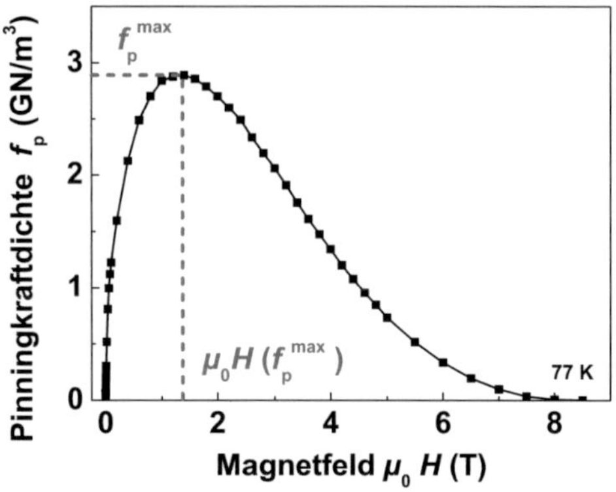

Abb. 2.10: Anhand der Magnetfeldabhängigkeit der Pinningkraftdichte f_p können die Art und die Effektivität der Defekte in $YBa_2Cu_3O_{7-\delta}$ abgeschätzt werden.

Die Art und die Effektivität der eingebrachten Defekte können anhand der Magnetfeldabhängigkeit der Pinningkraftdichte f_p abgeschätzt werden (Abbildung 2.10). Der Verlauf der Pinngkraftdichtekurven über dem reduzierten Feld h ($h = H/H_\mathrm{irr}$) lässt sich mit dem Skalierungsgesetz von Kramer (Gleichung 2.7) annähern. Die Exponenten p und q sind ein Indikator für den jeweils wirkenden Pinningmechanismus, der sich aus dem Zusammenspiel der elastischen Eigenschaften des Flussliniengitters in Verbindung mit der Art der vorliegenden Defekte ergibt. [Kra73, DH74, Civ91]

$$f_P \propto h^p (1-h)^q \tag{2.7}$$

Defektstrukturen, die $j_\mathrm{c}(H)$ vor allem für bestimmte Feldrichtungen θ erhöhen, werden als korreliert bezeichnet. Diese parallel angeordneten linearen oder planaren Defekte erhöhen j_c hauptsächlich dann, wenn H parallel zu ihnen liegt. Beispiele hierfür sind das intrinsische Pinning zwischen den CuO_2-Ebenen im $YBa_2Cu_3O_{7-\delta}$ [Roa90, Civ04a] und strahlungsinduzierte Defekte [Hol93]. Dem gegenüber führen isotrop wirkende, regellos in der Matrix verteilte Defekte oft zu einer Erhöhung von j_c in einem weiten Winkelbereich, der sogenannten unkorrelierten Pinningverbesserung.

In den letzten Jahren wurden mehrere Modelle entwickelt, um die Winkelabhängigkeit der kritischen Stromdichte mathematisch beschreiben und quantifizieren zu können. Ziel dieser Modelle ist es, eine Korrelation zwischen der Defektlandschaft und der richtungsabhängigen Interaktion der Defekte mit den Flusslinien zu finden.

Mit Hilfe des Anisotropie-Skalierungs-Ansatzes von Blatter *et al.* [Bla92] kann der unkorrelierte Pinninganteil vom korrelierten getrennt werden. Wird Pinning in einer Dünnschicht allein durch regellos angeordnete Punktdefekte verursacht, dann ist $j_c(H, \theta)$, nach Blatter, nur über eine einzige Variable von H und θ abhängig (Gleichungen 2.8).

$$\begin{aligned} j_c(H,\theta) &= j_c(H_{\text{eff}}) \\ \text{mit dem effektiven Feld } H_{\text{eff}} &= \epsilon(\theta)H \\ \text{und } \epsilon(\theta) &= \sqrt{\cos(\theta)^2 + \gamma^{-2}\sin(\theta)^2} \end{aligned} \tag{2.8}$$

Das bedeutet, dass sich die $j_c(H, \theta)$-Kurven, aufgetragen über dem effektiven Feld H_{eff}, für diejenigen Feld- und Winkelbereiche überlagern, in denen Pinning nur durch feldrichtungsunabhängig wirkende Defekte verursacht wird [Civ04b]. Die Funktion $\epsilon(\theta)$ charakterisiert die Winkelabhängigkeit von H_{c2}. Pinning ist durch H_{irr} bestimmt. Für Punktdefekte verhält sich H_{irr} wie H_{c2} ($H_{\text{irr}}/H_{c2} \neq$ f(θ)), und $\epsilon(\theta)$ gibt auch die Winkelabhängigkeit von H_{irr} an. Der Skalierungsfaktor γ beschreibt bei Blatter die elektronische Massenanisotropie. Defektarme Standard-$YBa_2Cu_3O_{7-\delta}$-Dünnschichten skalieren in der Regel mit $\gamma \approx 5$ - 7 [Civ04b, Pal11]. Dünnschichten mit Nanopartikeln können häufig nur mit einer effektiven Anisotropie[4] von $\gamma_{\text{eff}} \approx 2$ skaliert werden [Gut07, Pui08, Mai09]. Die physikalische Ursache dieses Effektes ist bisher nicht eindeutig geklärt.

Das Vortexpfadmodell von Long *et al.* [Lon07, Lon08] und Paturi *et al.* [Pat10] geht davon aus, dass die Flusslinie im Supraleiter auf einem zufälligen Pfad liegt. Dieser folgt zwar global der Richtung des äußeren Magnetfeldes, er setzt sich jedoch aus vielen Einzelschritten zusammen, die lokal durch die Defektstruktur, d. h. Energieminima an den Defekten, bestimmt werden (Abbildung 2.11). Dieses Modell unterscheidet zwischen isotropen j_c-Anteilen und solchen, die auf korreliertes Pinning parallel zur *ab*-Ebene oder *c*-Richtung zurückzuführen sind. Das Vortexpfadmodell enthält zahlreiche Parameter, die es erlauben sehr unterschiedliche $j_c(H, \theta)$-Kurvenverläufe zu beschreiben [Wim11b]. Aufgrund der aktuellen Diskussion zu den physikalischen Grundlagen dieser Parameter und fehlender Vergleichsdaten für die Korrelation zwischen Fitparametern und Defektlandschaft, wird in dieser Arbeit auf eine mathematische Beschreibung der $j_c(H, \theta)$-Kurven mit diesem Modell verzichtet. Dennoch liefert die Grundannahme des Modells, nämlich der Verlauf der Flusslinien entlang von defektkorrelierten Pfaden, ein sehr anschauliches und leicht nach-

[4] Der Skalierungsfaktor γ_{eff} beschreibt nur das $j_c(\theta, H)$-Verhalten der Dünnschicht. Er sagt nichts über eine Änderung der intrinsischen elektronischen Massenanisotropie γ des Materials aus. [Llo12]

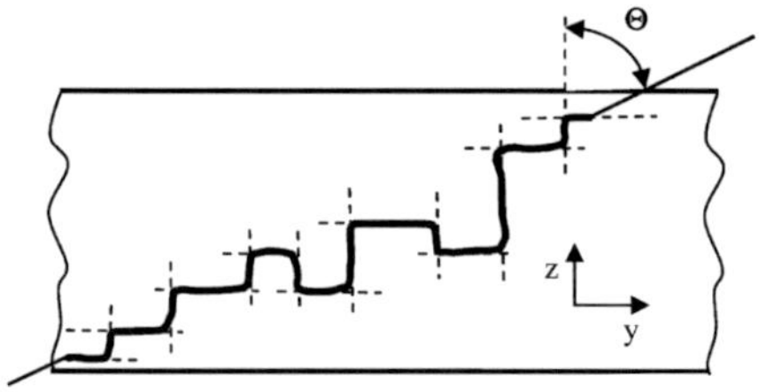

Abb. 2.11: Das Vortexpfadmodell von Long *et al.* geht davon aus, dass die Flusslinie im Supraleiter auf einem zufälligen Pfad liegt. Die Flusslinie wird unter dem makroskopischen Winkel θ gepinnt. Der mikroskopische Verlauf der Flusslinie orientiert sich jedoch an der Richtung der Defekte im Material. Die gestrichelten Linien in der Abbildung repräsentieren exemplarisch Defekte in den ab-Ebenen und parallel zur c-Richtung des Kristallgitters. [Lon07]

vollziehbares Bild für die Beschreibung des Zusammenhangs zwischen Defektlandschaft und Feldrichtungsabhängigkeit von j_c, das auch in die Diskussion der Ergebnisse dieser Arbeit eingeflossen ist.

Einfluss magnetischer Pinningzentren

In den letzten Jahren haben sich zahlreiche Arbeiten mit der Bildung magnetischer Pinningzentren befasst und ihren Einfluss auf das Flussliniengitter untersucht. Heterostrukturen aus supraleitenden und magnetischen Materialien wurden zum Beispiel in Form von Nb-Dünnschichten mit magnetischen Nanodots [Mar97], CoPt-$YBa_2Cu_3O_{7-\delta}$-Multilagen [Jan03] oder $YFeO_3$-gedopten $YBa_2Cu_3O_{7-\delta}$-Multilagen [Wim11a] erzeugt. Blamire *et al.* [Bla09] beschreiben, wie para- oder ferromagnetische Partikel in Typ-II-Supraleitern die kritische Stromdichte in kleinen Magnetfeldern $\mu_0 H \leq 1$ T deutlich erhöhen können. Limitiert wird dieser Effekt vor allem durch die Sättigungsmagnetisierung M_S der Teilchen, die für superparamagnetische oder ferrimagnetische Oxidpartikel typischerweise zwischen 0,5 und 1 T liegt [Bla09], und durch den hohen einzubringenden Fremdphasenanteil. Wimbush *et al.* [Wim10] haben am Beispiel von weichmagnetischen $YFeO_3$-Nanoteilchen (Durchmesser ≤ 5 nm) in YBCO-Dünnschichten gezeigt, dass diese in kleinen Konzentrationen eine Erhöhung der kritischen Stromdichte in Magnetfeldern ≤ 1 T bewirken. Die Autoren behaupten, dass die Verdopplung von $j_{c\ \mathrm{sf}}$ bei einer $YFeO_3$-Konzentration von 1 mol% mit einer vergleichbar kleinen Fremdphasenkonzentration nicht-magnetischer Partikel nicht zu erklären ist und schließen daraus auf einen zusätzlichen magnetischen Anteil am Pinningpotential.

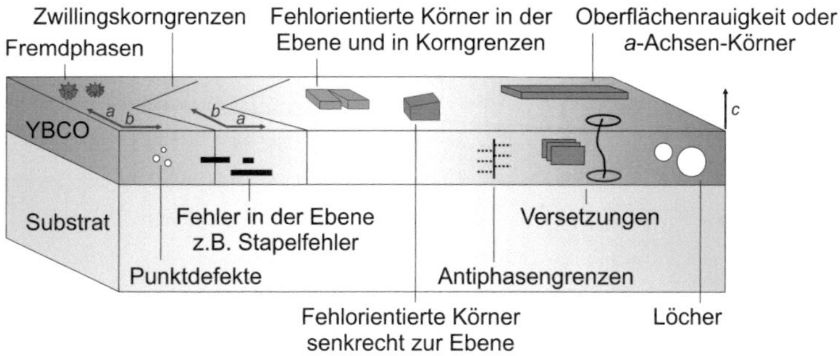

Abb. 2.12: Natürlich auftretende und künstlich erzeugte Defekte in $YBa_2Cu_3O_{7-\delta}$-Dünnschichten. [Fol07] Besonders effektiv sind Pinningzentren mit einer Ausdehnung in der Größenordnung der Ginzburg-Landau-Kohärenzlänge ξ_{GL}.

2.3 Erzeugung zusätzlicher Pinningzentren durch Nanopartikel

Ziel der Erzeugung zusätzlicher, so genannter „künstlicher“, Pinningzentren ist die Erhöhung der Pinningkraftdichte und damit von j_c durch gezielte Modifikation der Defektlandschaft. Abbildung 2.12 zeigt eine Übersicht der in $YBa_2Cu_3O_{7-\delta}$-Dünnschichten natürlich auftretenden und künstlich erzeugbaren Defekte. In Materialien mit sehr kleinem ξ_{GL}, wie den Kupraten, können neben Ausscheidungen und Versetzungen auch Punktdefekte, Zwillingsgrenzen und Stapelfehler als Pinningzentren wirken [Buc04].

In epitaktischen Dünnschichten ist wachstumsbedingt bereits eine große Zahl von Defekten vorhanden. Diese natürlichen Defekte sind jedoch entweder als Pinningzentren nicht effektiv genug, um thermische Fluktuationen zu unterdrücken, oder aber ihre Anzahl ist zu gering, um ausreichend hohe kritische Stromdichten in technisch relevanten Magnetfeldern zu erreichen. [Spa07a] Aus diesem Grund wurde eine Reihe von Verfahren entwickelt, um die Dichte und Anzahl von Pinningzentren in Supraleitern zu erhöhen. Dazu zählen unter anderem die Bestrahlung mit schweren Ionen [Roa89a, Civ97], die Mischung mit seltenen Erden (*SE*) [Cai04a, MD05], die Erzeugung von Multilagen verschiedener Typen von (*SE*)BCO [Cai04b], die Modifikation der Substrattemperatur [Fel07] und das Einbringen nicht supraleitender Nanopartikel.

Besonders mit Nanopartikeln und Ausscheidungen wurden vielversprechende Resultate bei der Erhöhung von j_c und der Modifikation der Defektlandschaft erzielt. Nanopartikel wirken in der Regel nicht nur direkt als Pinningzentren, sondern erzeugen aufgrund von Gitterfehlpassung und nicht idealen Wachstumsbedingungen in der aufwachsenden supraleitenden Schicht Defekte, die als Haftzentren wirken, wie z. B. Versetzungen, Verspannungen oder Antiphasengrenzen [Hän05b], sowie Verbiegungen der CuO_2-Ebenen (*buckling*) [Ayt05]. Auf welche Weise sich die Nanopartikel auf die Defektbildung in $YBa_2Cu_3O_{7-\delta}$ auswirken, ist jedoch ein sehr komplexes und bei Weitem nicht vollständig verstandenes Thema. Wichtige Einflussfaktoren bei der Defekterzeugung durch Partikel sind die Anordnung der Partikel in der $YBa_2Cu_3O_{7-\delta}$-Matrix, das Depositionsverfahren und die Partikeleigenschaften.

Anordnung von Partikeln in der $YBa_2Cu_3O_{7-\delta}$-Matrix

Die Verteilung der Nanopartikel bzw. der nicht supraleitenden Ausscheidungen in der supraleitenden Matrix kann ungeordnet oder geordnet sein (Abbildung 2.13). Eine ungeordnete/zufällige Verteilung von Ausscheidungen, z. B. von $BaZrO_3$ [MD04, Mai09], kann man im PLD-Prozess durch die Verwendung stöchiometrischer Mischtargets einstellen. In den MOD-CSD Verfahren ist die Partikelverteilung in der Matrix immer ungeordnet.
Geordnete Partikelverteilungen können zum einen durch spannungsgetriebene autokorrelierte Anordnung von Partikeln (*self-assembly*) entstehen [Shc99]. Ein typisches Beispiel hierfür ist die von Yamada *et al.* erstmals beobachtete c-Achsen-korrelierte Anordnung von $BaZrO_3$ in der Bambusstruktur (*bamboo structure*) [Yam05] bzw. die Bildung von $BaZrO_3$-Nanosäulen [Goy05, Mai09]. Zum anderen werden geordnete/regelmäßige Partikelanordnungen durch das Aufbringen von Partikellagen entweder auf dem Substrat (Substratdekoration) oder in der $YBa_2Cu_3O_{7-\delta}$-Matrix (Quasi-Multilagen; *quasi-multilayers*) generiert.[5]
Eine Dekoration des Substrates mit Partikeln erreicht man z. B. durch Heizen von CeO_2-Pufferschichten [Nie04], PLD [Mel06a, Mat04, Hor06], Sputtern bei niedrigem Druck[6] [Ayt05, Cri01] oder durch Deposition fertig nukleierter gasphasenkondensierter Nanopartikel mit vordefinierten Eigenschaften [Spa07b]. Partikel auf dem Substrat führen häufig zur Bildung c-Achsen-korrelierter Defekte in der aufwachsenden $YBa_2Cu_3O_{7-\delta}$-Schicht [Obr11].
Quasi-Multilagen bestehen aus alternierenden Lagen von $YBa_2Cu_3O_{7-\delta}$ und nicht supraleitenden Ausscheidungen oder Partikeln. Das am weitesten verbreitete Herstellungsverfahren

[5]In der Ebene sind die Partikel in der Regel zufällig verteilt. Die Regelmäßigkeit bezieht sich hier auf den definierten Abstand der Partikellagen zueinander.
[6]Die Partikelnukleation erfolgt beim konventionellen Sputtern erst auf dem Substrat und nicht - wie bei der IGK - bereits in der Gasphase.

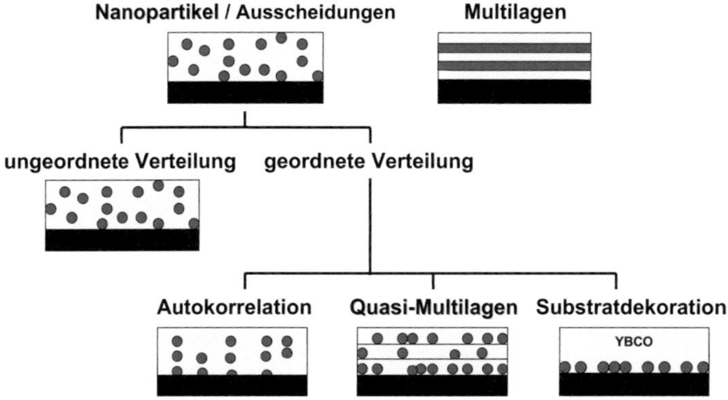

Abb. 2.13: Varianten der Anordnung von Nanopartikeln oder Ausscheidungen zur Defekterzeugung in der $YBa_2Cu_3O_{7-\delta}$-Matrix.

für solche Quasi-Multilagen ist die PLD mit wechselnden Targets[7]. Hierbei entstehen die Partikel aus den Inseln unvollständig gewachsener Zwischenschichten einer oder mehrerer Fremdphasen wie zum Beispiel $BaHfO_3$ [Bac07], $BaZrO_3$ [Kie11], $BaIrO_3$ [Hän05b], Y_2BaCuO_5 [Hau04] oder Y_2O_3 [Cai05, Cam05, Gap05].

Partikelsynthese mit PLD- und CSD-Verfahren

Nanopartikel können entweder durch Ausscheidungsbildung in der supraleitenden Matrix erzeugt oder als fertige Partikel in diese eingebracht werden. Abhängig vom verwendeten Partikelmaterial können auch vornukleierte Partikel während der Schichtdeposition weitere neue Phasen mit der $YBa_2Cu_3O_{7-\delta}$-Matrix bilden.

In physikalischen Schichtdepositionsverfahren wie der PLD bildet sich die epitaktische Kristallstruktur von $YBa_2Cu_3O_{7-\delta}$ während der Schichtabscheidung parallel zum Partikelwachstum. Die Grenzflächen zwischen Partikel und Matrix sind daher in der Regel kohärent oder teilkohärent [Obr11]. Partikelmaterialien, die im Vergleich zu $YBa_2Cu_3O_{7-\delta}$ stark unterschiedliche Gitterparameter aufweisen, führen zu ausgedehnten Defektstrukturen, die häufig parallel zur c-Achse verlaufen. Bei kleinen Gitterfehlpassungen hingegen wird seltener eine Verbesserung des Pinnings beobachtet. Gleiches gilt, wenn das Partikelmaterial mit der $YBa_2Cu_3O_{7-\delta}$-Matrix reagiert. Foltyn *et al.* [Fol07] nehmen an, dass bei der Bildung

[7]Das Targetmaterial kann aus der einzubringenden Fremdphase bestehen [Kie11] oder einem Element wie z. B. Hf , das mit $YBa_2Cu_3O_{7-\delta}$ zu $BaHfO_3$ reagiert [Bac07].

einer Mischphase durch die Volumenänderung das Partikels Spannungen in der Matrix abgebaut werden und dadurch die Triebkraft für die Bildung korrelierter Versetzungen sinkt. In chemischen lösungsbasierten Verfahren, wie der CSD, wird die epitaktische Kristallstruktur von $YBa_2Cu_3O_{7-\delta}$ erst nach der Schichtabscheidung gebildet. Die Partikel nukleieren und wachsen hier in einer ungeordneten polykristallinen Matrix, bevor diese die tetragonale bzw. orthorhombische YBCO-Phase ausbildet.[8] Infolgedessen haben die Partikel häufig inkohärente Grenzflächen zur umgebenden Matrix [Gut07, Obr11]. In derartigen $YBa_2Cu_3O_{7-\delta}$-Schichten wurde für Partikel mit kleinen und großen Gitterfehlpassungen sowohl korreliertes als auch unkorreliertes Pinning beobachtet. [Fol07]

In der Regel unterscheiden sich mittels PLD oder CSD eingebrachte Partikel hinsichtlich ihrer mittleren Dichte, Größe und Orientierungsbeziehung zur $YBa_2Cu_3O_{7-\delta}$-Matrix. [Obr11] Es ist also nicht ohne weiteres möglich, Partikeleigenschaften, die sich in einem der beiden Verfahren als pinningfördernd erweisen, mit dem anderen Verfahren zu reproduzieren.
In Abbildung 2.14 sind exemplarisch typische TEM-Aufnahmen und $j_c(\theta,\ \mu_0 H)$-Verläufe für PLD-$YBa_2Cu_3O_{7-\delta}$-Quasi-Multilagen [Hän06, Hän12] und CSD-$GdBa_2Cu_3O_{7-\delta}$-Dünnschichten mit $BaHfO_3$-Ausscheidungen [Erb12] dargestellt. In den PLD-Dünnschichten haben sich im gesamten Querschnitt kleine $BaHfO_3$-Ausscheidungen und zahlreiche $BaHfO_3$-Nanosäulen gebildet. Die CSD-Schicht hingegen enthält zufällig angeordnete $BaHfO_3$-Partikel unterschiedlicher Größe. Der Vergleich der $j_c(\theta,\ \mu_0 H)$-Verläufe macht deutlich, dass sich die Dünnschichten auch hinsichtlich ihrer Stromtragfähigkeit im Magnetfeld deutlich voneinander unterscheiden. Die PLD-Quasi-Multilage zeigt eine ausgeprägte Erhöhung von j_c für $H \parallel c$-Achse ($\theta = 0° \pm 10°$), also parallel zu den beobachteten Nanosäulen. In den CSD-Dünnschichten ist $j_c(\theta,\ \mu_0 H)$ im gesamten Winkelbereich erhöht.

Nachteile der Partikelsynthese mittels PLD und CSD

Die Verfahren der Partikelerzeugung über PLD und CSD haben gemeinsam, dass sich die Partikel als Wachstumsinseln oder Ausscheidungsphasen erst auf bzw. in der Dünnschicht bilden. Ihre Größe und Dichte hängt damit stark von den Depositionsbedingungen und der Wechselwirkung mit der $YBa_2Cu_3O_{7-\delta}$-Matrix ab und kann nur in begrenztem Umfang kontrolliert und in der Regel nicht unabhängig variiert werden [Mel05, Mel06b, Erb12]. Die Partikel weisen zudem häufig eine sehr breite Größenverteilung auf. Ähnliches gilt für

[8] In der CSD werden der YBCO-Lösung entweder Verbindungselemente zugesetzt, die zur Ausscheidungsbildung führen, zum Beispiel infolge metallorganischer Zersetzungsreaktionen (*metal organic decomposition*; MOD) [Gut07, Eng07], oder es werden fertige Partikel definierter Größe in der Lösung stabilisiert [Fre12].

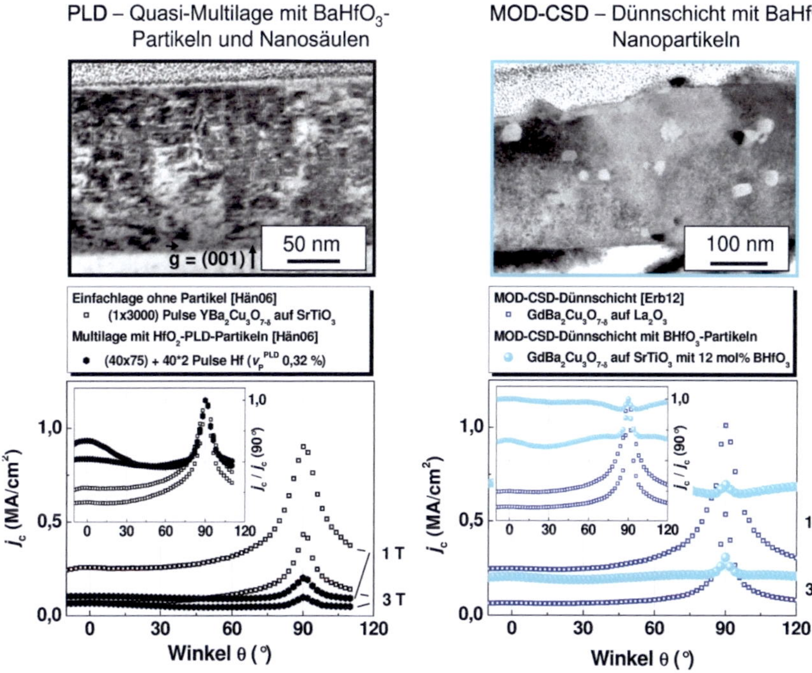

Abb. 2.14: PLD und MOD-CSD-Dünnschichten mit $BaHfO_3$-Ausscheidungen. Die PLD-Quasi-Multilage enthält Nanosäulen und zeigt eine ausgeprägte Erhöhung von j_c für $H \parallel c$-Achse, die in der über $j_c(90°)$ normierten Darstellung von $j_c(\theta, \mu_0 H)$ besonders deutlich wird. Demgegenüber zeigt die MOD-CSD-Dünnschicht, mit vielen Nanopartikeln unterschiedlicher Größe, eine Erhöhung von $j_c(\mu_0 H)$ im gesamten Winkelbereich. [Hän06, Hän12, Erb12]

die Anzahl der Partikel pro Fläche oder Volumen. Im PLD-Prozess lässt sich die Partikeldichte nur indirekt über die Pulszahl/-frequenz auf ein Fremdphasentarget, die Lagenzahl oder den Dotiergehalt des Targets steuern. Die Partikelgröße ist darüber hinaus abhängig von Substrattemperatur, Druck, Pulszahl und Frequenz während der Abscheidung. Im MOD-CSD-Verfahren werden Partikeldichte und -größe hauptsächlich über den Fremdphasenanteil bzw. die Zusammensetzung der Lösung und die Kristallisationstemperatur kontrolliert. Häufig beeinflusst die Zugabe einer Fremdphase auch die Benetzungs- und Kristallisationseigenschaften der $YBa_2Cu_3O_{7-\delta}$-Lösung [Erb12]. Mit diesen Verfahren ist es daher nicht möglich, die Partikeldichte unabhängig von der Partikelgröße einzustellen.

Neben der gezielten Variation ist auch die Messung der Partikeleigenschaften schwierig. In PLD und CSD-Dünnschichten können Partikelgröße und -dichte in der $YBa_2Cu_3O_{7-\delta}$-Schicht nur nachträglich mittels Beugungsverfahren abgeschätzt oder in TEM-Lamellen an einigen wenigen Partikeln ausgemessen werden. Es ist daher nicht klar, welchen Anteil die initialen Partikeleigenschaften, d. h. die lokale Verteilung der Fremdphase in der Schicht während des $YBa_2Cu_3O_{7-\delta}$-Wachstums, auf die Defektbildung haben.
Hinzu kommt, dass die Anordnung der Partikel in der supraleitenden Matrix ebenfalls von den Depositionsbedingungen der $YBa_2Cu_3O_{7-\delta}$-Schicht abhängt. An PLD-$YBa_2Cu_3O_{7-\delta}$-Dünnschichten wurde sowohl für die lagenweise Partikelerzeugung mit wechselnden Targets [Kie11] als auch für Mischtargets [Mai09, Kai10] gezeigt, dass allein durch die Änderung der Schichttemperatur während der Herstellung entweder Nanosäulen oder Partikel erzeugt werden können.
Diese eingeschränkte Flexibilität bei der Einstellung der Partikeleigenschaften in PLD- und CSD-prozessierten Schichten erschwert eine systematische Untersuchung des Partikeleinflusses auf die Defektbildung.

Vorteile der Partikelsynthese mittels Inertgaskondensation

Die Aufklärung des Einflusses der Partikeleigenschaften auf die Defekterzeugung und damit auf die kritische Stromdichte erfordert die Integration von Nanopartikeln, deren initiale Eigenschaften (Größe, Dichte, Verteilung) *unabhängig* von den Parametern der $YBa_2Cu_3O_{7-\delta}$-Schichtabscheidung eingestellt und gemessen werden können. Eine systematische Variation dieser Parameter und eine davon unabhängige Variation der PLD-Parameter für die $YBa_2Cu_3O_{7-\delta}$-Deposition sind eine Voraussetzung für die Untersuchung der Mechanismen, die der Defekterzeugung durch Partikel zugrunde liegen.
Das einzige physikalische Verfahren, bei dem isolierte Nanopartikel mit vordefinierter Größe und enger Größenverteilung bei unabhängig variierbarer Partikeldichte abgeschieden werden können, ist die Inertgaskondensation (IGK) in einer Gasphasenaggregationsquelle [Hab94].[9] Im Gegensatz zu PLD- oder CSD-Verfahren findet das Wachstum der Primärpartikel nicht auf dem Substrat oder in der ungeordneten Schichtmatrix statt, sondern ist bereits in der Gasphase abgeschlossen. Die Partikeleigenschaften können so unabhängig vom Substratmaterial variiert und im TEM analysiert werden. Das Verfahren der Inertgaskondensation wird im folgenden Kapitel näher beschrieben. IGK-Partikel wurden be-

[9] Überschallreaktoren liefern zwar Primärpartikel mit ähnlichen Eigenschaften, diese sind jedoch häufig agglomeriert und es existiert kein Verfahren, sie in $YBa_2Cu_3O_{7-\delta}$-Dünnschichten einzubringen. Chemisch können isolierte Nanopartikel über inverse Mikroemulsionen hergestellt werden [Fre12].

reits für die Defekterzeugung durch Substratdekoration verwendet [Spa07b], ein Einbau in die $YBa_2Cu_3O_{7-\delta}$ Matrix war aber bisher anlagentechnisch nicht möglich. Die erstmalige Realisierung einer kombinierten IKG-PLD-Anlage für die Herstellung von Multilagen mit IGK-Partikeln[10] ist eine der zentralen Aufgaben und ein Schwerpunkt dieser Arbeit. Sie wird in Kapitel 5 vorgestellt.

[10]Parallel zum Aufbau der kombinierten Sputter-PLD-Anlage wurde am Institut für Festkörperelektronik der TU Dresden ein ähnliches System zur Integration von Partikeln in Nanoverbundwerkstoffe entwickelt. In diesem System werden größenkontrollierte Nanopartikel über Hohlkathoden-Gasflusssputtern erzeugt und in dünne Schichten eingebracht, die mittels plasmaunterstützter chemischer Gasphasenabscheidung (*plasma-enhanced chemical vapor deposition*, PECVD) deponiert werden [Sch09b].

3 Nanopartikel aus der Gasphase

Mit dem Verfahren der Inertgaskondensation (IGK) können isolierte Nanopartikel mit vordefinierter Größe, enger Größenverteilung und unabhängig variierbarer Partikeldichte in der Gasphase synthetisiert und auf einem beliebigen Substrat abgeschieden werden. Im ersten Teil dieses Kapitels werden das Herstellungsverfahren und die Kontrolle der Eigenschaften von Nanopartikeln im Inertgasstrom vorgestellt. Der zweite Teil widmet sich der Einstellung des Eigenschaftsspektrums der HfO_2- und der FePt-Partikel, die in dieser Arbeit für die Defekterzeugung in $YBa_2Cu_3O_{7-\delta}$-Multilagen verwendet werden.

3.1 Partikelsynthese im Inertgasstrom

Für die Partikelsynthese mittels Inertgaskondensation wird aus dem Targetmaterial durch thermisches Verdampfen, Laserablation oder Kathodenzerstäubung (Sputtern) in einer Inertgasatmosphäre (N_2, Ar oder He) ein Metalldampf erzeugt. Die Gasatmosphäre dient gleichzeitig als Trägergas und transportiert den Metalldampf von der „heißen" Quelle in die kältere Nukleations- und Aggregationszone des Systems. Durch diese Abkühlung kommt es zu einer hohen Übersättigung des Dampfes, die wiederum zur Nukleation vieler kleiner Partikel führt. Das sich anschließende Wachstum der Partikel erfolgt weitestgehend über Koagulation und Koaleszenz. Der Prozess des Partikelwachstums wird in Kapitel 3.1.1, in Anlehnung an vorangegangene Arbeiten [Sch06, Spa07a], detailliert beschrieben.

Anlagen zur Inertgaskondensation von Nanopartikeln bestehen klassisch aus einer Aggregations- und einer Depositionskammer, die durch zwei Blenden voneinander getrennt sind (Abbildung 3.1) [Hab94]. Die Sputterquelle befindet sich in der Aggregationskammer. Die Belegung des Substrates mit Partikeln erfolgt in der Depositionskammer. Differentielles Pumpen am Doppelblendensystem erzeugt eine Druckdifferenz von $> 10^{-3}$ mbar zwischen den beiden Kammerteilen. Durch diesen Druckgradienten werden die Partikel im Argongasstrom beschleunigt und in die Depositionskammer injiziert. Typische Parameter während der Partikeldeposition sind ein Druck von 0,5 mbar bis 1,5 mbar in der Aggregationskammer, etwa 10^{-3} mbar zwischen den Blenden und 10^{-4} mbar bis 10^{-6} mbar in der Depositionskammer [Sch06].

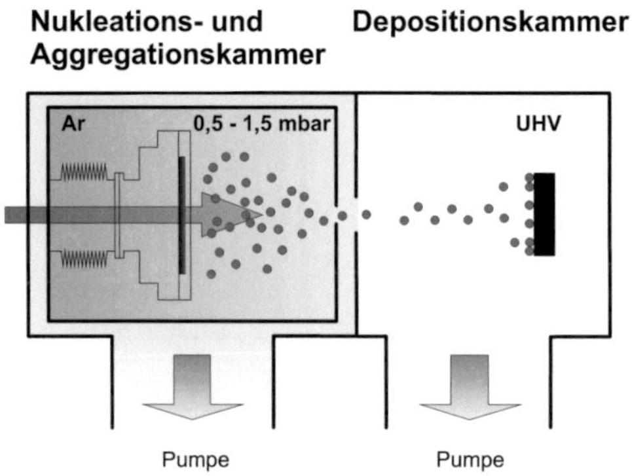

Abb. 3.1: Schematische Darstellung einer Nanopartikel-Depositionsanlage.

Verfahren der Inertgaskondensation sind seit 1930 bekannt [Pfu30, Bur30] und wurden seither an vielen Materialien hinsichtlich des Einflusses verschiedener Prozessparameter auf die Größe und die Agglomerationsneigung der Partikel untersucht [Har48, Sch06]. Die Anwendung gasphasenkondensierter Nanopartikel wird in vielen Bereichen erforscht, zum Beispiel für magnetische Speichermedien [Moh12], für Wasserstoffspeichermedien [Sur12], als Füllstoff in Nanoverbundwerkstoffen [Sch09b], als Katalysatorpartikel für das Wachstum von Kohlenstoffnanoröhrchen [Sch09a, Rüm10, Sch11] oder zur Defekterzeugung in supraleitenden Dünnschichten [Spa07a].

3.1.1 Partikelnukleation und Wachstum

In der verwendeten Nanocluster-Depositionsquelle Model NC200U-B (*Oxford Applied Research*) wird der Metalldampf durch Gleichstrom-Magnetronsputtern (DC-Magnetronsputtern) von einem metallischen Target erzeugt[1]. Beim Sputtern werden Atome durch Beschuss mit hochenergetischen Edelgasionen aus einem als Kathode fungierenden Target geschlagen. Infolge einer zwischen Anode und Kathode angelegten elektrischen Spannung werden Elektronen zur Anode hin beschleunigt. Auf diesem Weg ionisieren sie die Atome der Edelgasatmosphäre. Das magnetische Streufeld von hinter der Kathode platzierten Selten-Erd-Permanentmagneten zwingt die Elektronen auf Spiralbahnen. Dadurch wird eine größere Kollisionswahrscheinlichkeit mit den Edelgasionen und damit eine Erhöhung des Ionisationsgrades des Plasmas erreicht. Die positiv geladenen Gasionen werden zur Kathode hin beschleunigt und lösen dort Stoßkaskaden aus, die zum Herauslösen von Atomen aus dem Target führen.

[1]Die Partikelherstellung aus oxidischem Targetmaterial erfordert eine Wechelstrom-Magnetronsputterquelle.

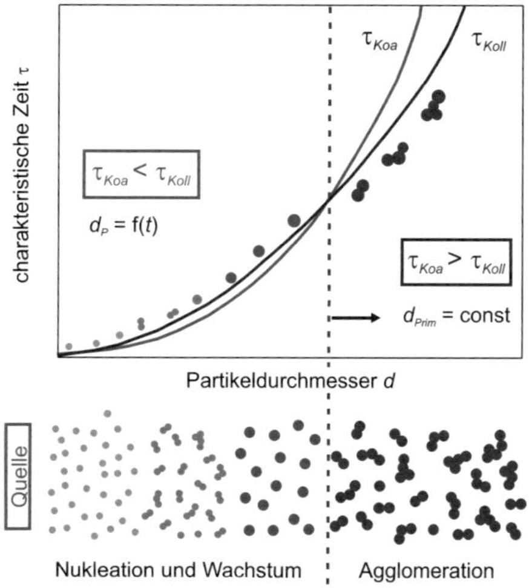

Abb. 3.2: Wachstumsmodell nach Flagan *et al.* [Fla95]: Die Primärpartikel werden durch homogene Nukleation aus dem übersättigten Dampf gebildet und wachsen durch Koagulation und Koaleszenz; τ_{Koll} = Kollisionszeit; τ_{Koa} = Koaleszenzzeit; d_{P} = mittlerer Partikeldurchmesser. (Darstellung nach Schäffel [Sch06])

Die *Nukleation* der Partikel erfolgt durch Kondensation im lokal stark übersättigten Metalldampf. Werden die Metallatome vom Target weg beschleunigt, so verlieren sie im Inertgasstrom durch Zusammenstöße mit den Edelgasatomen schnell an Energie. Dadurch sinkt die Temperatur des Dampfes und es kommt zur lokalen Übersättigung [Gra76]. In der Folge nukleieren atomare Cluster im Gasstrom. Durch die Bildung dieser Keime nimmt die Übersättigung des Metalldampfes rasch ab. Dies führt zu einem Abbruch der eigentlichen Nukleationsreaktion und unterbindet eine weitere Erhöhung des Primärteilchendurchmessers durch Kondensation.

Das *Wachstum* der Partikel erfolgt im Wesentlichen über Brownsche Koagulation und anschließende Koaleszenz. Es kann mit dem Modell von Flagan *et al.* [Fla95] beschrieben werden (Abbildung 3.2). Unter Koagulation versteht man die Bildung von Partikeldimeren durch Kollision von zwei Primärpartikeln, die zunächst über Van-der-Waals-Kräfte miteinander verbunden bleiben. Aufgrund der hohen Gastemperaturen in der Nähe der Quelle und des noch kleinen Partikeldurchmessers wachsen die koagulierten Partikel zu neuen, in der Regel sphärischen Partikeln zusammen, die in der Folge als neue Primärpartikel für das fortschreitende Wachstum dienen. Dieser als Koaleszenz bezeichnete Vorgang erfolgt diffusionsgesteuert und kann im Rahmen der klassischen Sintertheorie [Sch92] erklärt werden. Die Primärpartikel werden im Inertgasstrom durch Diffusion und Konvektion infolge des Temperaturgradienten zwischen heißer Quelle und gekühlter Wand der Nukleationskammer von der Quelle wegtransportiert [Sch06]. Mit wachsendem Abstand sinkt die Temperatur des Gases und alle diffusionsgesteuerten Vorgänge laufen entsprechend verlangsamt ab. Dadurch erhöht sich die für die Koaleszenz benötige Zeit τ_{Koa} mit wachsender Entfernung von der Quelle und steigender Partikelgröße stärker als die mittlere Freiflugzeit eines Partikels τ_{Koll} (siehe Abbildung 3.2). Eine vollständige Versinterung der Partikel kann jedoch nur so lange stattfinden, wie die Kollisionszeit τ_{Koll} größer ist als die Koaleszenzzeit τ_{Koa}. Koaguliert ein Partikel mit einem noch nicht vollständig versinterten Dimer, so kommt es zur Bildung eines Agglomerates. Da in hinreichender Entfernung von der Quelle keine vollständige Versinterung mehr stattfindet, bleibt der mittlere Durchmesser der Primärpartikel nach Einsetzen der Agglomeration konstant. Aufgrund des größeren Kollisionsquerschnittes wachsen die Agglomerate wesentlich schneller als vergleichbare sphärische Partikel. Für die Herstellung isolierter Partikel ist es daher wichtig, die Prozessparameter so zu wählen, dass die Agglomeration weitestgehend unterbunden wird. [Spa07a]

3.1.2 Einstellung der Partikeleigenschaften

Die Eigenschaften der IGK-Nanopartikel werden durch die Prozessparameter bestimmt. Dazu gehören der Druck in der Nukleationskammer p_{nuc}, die Art der verwendeten Sputtergase, Form und Durchmesser der Blenden, Sputterstrom I_{q}, der Abstand zwischen Sputterquelle und Blende (Aggregationslänge l_{A}) und das Targetalter. Partikelgröße und -morphologie sind vom Temperaturgradienten und der Verweilzeit der Partikel in der Aggregationszone abhängig. Im Allgemeinen führen Prozessparameter, die diese Zeit verkürzen, zu einer Abnahme des Partikeldurchmessers und der Agglomerationsneigung [Sch06, Spa07a].

Die effektive Partikelgrößenverteilung und -dichte für einen gegebenen Parametersatz ist materialabhängig. Sie wird unter anderem von der Diffusionskonstante und der Sputterausbeute bestimmt. Letztere sinkt mit steigender Bindungsenergie des Materials. Die Anzahl der Partikel pro Fläche (Belegdichte in Partikel/μm^2) wird unabhängig von der eigentlichen Partikelerzeugung über die Dauer der Deposition eingestellt.

Für die meisten Materialien kann der Partikeldurchmesser im Bereich von 3 - 15 nm variiert werden. Die Partikel weisen eine enge Größenverteilung auf, die für Partikeldurchmesser $\leq$ 20 nm typischerweise einer logarithmischen Normalverteilung folgt [Gra76]. Auch wenn mit der IGK isolierte Nanopartikel mit definierten Eigenschaften hergestellt werden können, ist die gezielte Einstellung eines vorher definierten Partikeldurchmessers aufwändig. Das liegt daran, dass sich die einzelnen Prozessparameter unterschiedlich auf die Partikeleigenschaften auswirken und in komplexer Weise gegenseitig beeinflussen. So ändert bei-

spielsweise eine Variation des Prozessdruckes nicht nur die Partikelgröße, sondern auch die Agglomerationsneigung. Inwieweit die Aggregationslänge angepaßt werden muss, um die Agglomeration der Partikel zu unterbinden, muss für jeden Parametersatz neu bestimmt werden. Darüber hinaus wird die gezielte Eigenschaftseinstellung der Partikel dadurch erschwert, dass mit zunehmendem Targetalter der Partikeldurchmesser zunimmt und sich die Ausbeute ändert. Es gibt bisher keine systematischen Untersuchungen dazu, wie man diesem Effekt durch gezielte Parameteranpassung entgegenwirken kann.
Folglich müssen für jede gewünschte Partikelgrößenverteilung und jedes Material geeignete Prozessparameter gesondert bestimmt und angepasst werden. Dieses zeitaufwändige Verfahren stellt eine wesentliche Einschränkung für die gezielte und systematische Variation der Partikeleigenschaften bei der IGK dar.

3.2 Nanopartikel für die Integration in $YBa_2Cu_3O_{7-\delta}$-Multilagen

In dieser Arbeit werden IGK-Partikel mit verschiedenen Durchmessern und Belegdichten in $YBa_2Cu_3O_{7-\delta}$-Multilagen integriert. Ziel der Untersuchungen ist es

- zu prüfen, ob und wie sich IGK-Partikel in $YBa_2Cu_3O_{7-\delta}$-Multilagen integrieren lassen,
- das Verhalten der IGK-Partikel in den YBCO-Dünnschichten darzustellen und
- Partikeleigenschaften (Durchmesser, Belegdichte, Lagenzahl) zu finden, die die Eigenschaften der $YBa_2Cu_3O_{7-\delta}$-Dünnschichten beeinflussen.

Im folgenden Abschnitt werden die Eigenschaften der verwendeten Hafniumoxid- und FePt-Nanopartikel dargestellt. Während es für die Herstellung von FePt-Partikeln mittels IGK eine Reihe von Voruntersuchungen und Publikationen gibt, existierten für die Partikelsynthese von einem Hafniumtarget bisher keine Daten.

3.2.1 HfO_2-Nanopartikel

Hafnium bzw. HfO_2 reagiert in Verbindung mit $YBa_2Cu_3O_{7-\delta}$ zu $BaHfO_3$. Die entstehenden $BaHfO_3$-Partikel oder Ausscheidungen bewirken sowohl in PLD- [Hän05a, Bac07] als auch in CSD-Dünnschichten [Eng07] eine deutliche Verbesserung der Pinningeigenschaften. Aus diesem Grund wurde Hafnium als Targetmaterial für die Partikelherstellung gewählt. Im Vergleich zu anderen möglichen Targetmaterialien ist Hafnium deutlich kostengünstiger als z. B. Iridium [Hän05b]. Darüber hinaus kann $BaHfO_3$ in der $YBa_2Cu_3O_{7-\delta}$-Matrix im TEM einfacher analysiert werden als $BaZrO_3$ oder $BaTiO_3$.

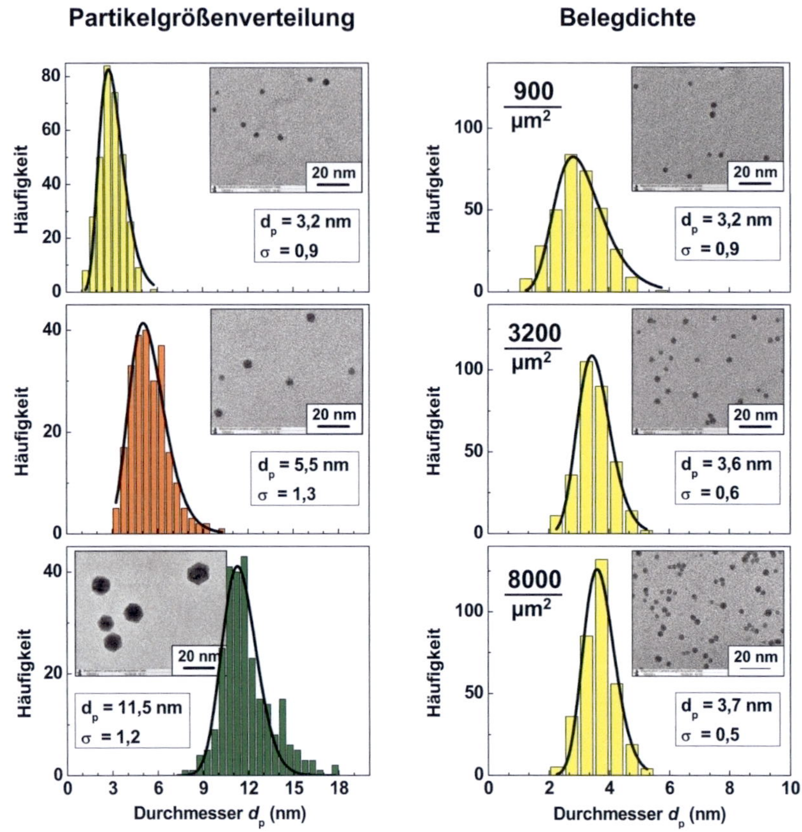

Abb. 3.3: Partikelgrößenverteilungen für HfO_2-Nanopartikel mit unterschiedlicher mittlerer Partikelgröße (links) und unterschiedlicher Belegdichte (rechts). Der Partikeldurchmesser kann zwischen 3 nm und 15 nm variiert werden. Die Belegdichte ist nur von der Depositionszeit abhängig und frei einstellbar.

Im Rahmen der Untersuchungen zu Hafniumpartikeln mittels IGK hat sich gezeigt, dass die Herstellung von Hafnium-Nanopartikeln deutlich aufwändiger ist als für die bisher untersuchten Materialien, wie Cu, Au, Ni [Rel01], Co oder FePt [Sch06]. Dies betrifft vor allem die wiederholte Einstellung eines bestimmten Eigenschaftsprofils, da die Partikelausbeute für Hafnium deutlich abnimmt, je länger die Partikeldeposition dauert. Die Ursache hierfür liegt wahrscheinlich in der hohen Oxidationsneigung von Hafnium. Es wird vermutet, dass durch Oxidationsprozesse die elektrische Leitfähigkeit an der Targetoberfläche herabgesetzt wird und es infolgedessen zu Aufladungseffekten an und um das Target kommt, die die Ausbeute beeinflussen. Für Metalle und Verbindungen mit geringerer Oxidationsneigung, wie Cu, Au, Ni [Rel01],Co oder FePt wurde ein derartiges Verhalten bisher nicht beobachtet.
Obwohl die wiederholte Einstellung eines bestimmten, vordefinierten Eigenschaftsprofils für HfO_2-Partikel deutlich schwieriger ist als für andere Elemente, können durch eine gezielte Anpassung der Herstellungsparameter HfO_2-Partikel mit definiertem Durchmesser d_P und kontrollierter Belegdichte N hergestellt werden. Abbildung 3.3 zeigt Beispiele für die Größenverteilungen von HfO_2-Nanopartikeln mit unterschiedlichem mittleren Partikeldurchmesser (links) und mit steigender Belegdichte bei nahezu gleichbleibender Partikelgrößenverteilung (rechts).

Oxidation der Hafnium-Nanopartikel

Die Nanopartikel werden im Inertgasstrom von einem metallischen Target gesputtert. Im Anschluss an die Präparation sind die Partikel jedoch auf dem Probenträger für die Transmissionselektronenmikroskopie dem Luftsauerstoff ausgesetzt und können oxidieren. Darüber hinaus kann auch nicht ausgeschlossen werden, dass Restsauerstoff in der Gasatmosphäre während der Synthese in die Partikel eingebaut wird.
Aufgrund der hohen Oxidationsneigung von Hafnium [Kna91] ist es wahrscheinlich, dass der größte Teil der Hafniumpartikel vollständig oxidiert ist. Inwieweit die Nanopartikel oxidiert sind, ist hauptsächlich für die Berechnung des Gehaltes an Hafnium in den Quasi-Multilagen von Bedeutung. Der Hf-Gehalt in der $YBa_2Cu_3O_{7-\delta}$-Schicht wird mit dem Partikeldurchmesser und der Belegdichte berechnet, die in den TEM-Aufnahmen gemessen wurden. Dies setzt voraus, dass bekannt ist, ob die Partikel auf den kohlenstoffbeschichteten Kupfernetzchen in elementarer, teilweise oxidierter oder vollständig oxidierter Form vorliegen. Auf welchem Weg die Partikel in den Multilagen oxidieren, ist für diese Berechnung unerheblich, da sich der Hf-Anteil eines Partikels durch die Oxidation nicht ändert.

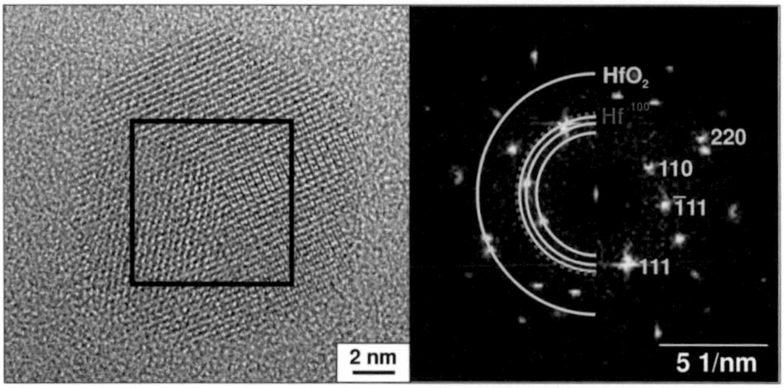

Abb. 3.4: HR-TEM-Aufnahme eines HfO_2-Partikels. In der Fouriertransformation (rechts) können eindeutig Reflexe von HfO_2 (blau markiert) identifiziert werden.

Nanopartikel oxidieren entweder vollständig oder bestehen aus einer oxidischen Schale und einem metallischen Kern. Letztere sind in TEM-Aufnahmen wegen des unterschiedlichen Materialkontrastes relativ leicht zu erkennen. Der Kern erscheint dunkler als die umgebende Hülle, da er aufgrund der vergleichsweise hohen atomaren Ordnungszahl für die Elektronen schwerer zu durchdringenden ist. Die Identifikation vollständig oxidierter Partikel erfordert hingegen die Bestimmung der Netzebenenabstände in den Partikeln.

Abbildung 3.4 zeigt die hochauflösende transmissionselektronenmikroskopische (HR-TEM) Aufnahme eines HfO_2-Partikels. Es liegt eindeutig keine Kern-Schale-Struktur vor und das Partikel hebt sich hinsichtlich seines Kontrastes kaum vom Hintergrund des amorphen Kohlenstoffsubstrats ab. In der Fouriertransformierten des Bildes können aus den Intensitätsmaxima, die den Bragg-Reflexen in einem Beugungsbild entsprechen, die Netzebenenabstände des Partikels bestimmt werden. Die drei inneren Reflexe stammen von Netzebenen mit einem Abstand d $\geq$ 2,94 Å ($1/d \leq 3{,}4$ nm^{-1}). Dies weist auf eine vollständige Oxidation des Partikels hin, da die größte Gitterkonstante für reines Hafnium in der hexagonalen Modifikation $d_{100} = 2{,}768$ Å ($1/d = 3{,}61$ nm^{-1}) beträgt [ICDD pdf 00-038-1478]. Der Beugungsreflex mit $1/d = 2{,}72\ ^{-1}$ ($d = 3{,}67$ Å) kann eindeutig dem (110)-Reflex von monoklinem HfO_2 [ICDD pdf 00-034-0104] zugeordnet werden. Auch die beiden anderen inneren Reflexe stimmen gut mit HfO_2 ($\bar{1}11$) und (111) überein.
Ein weiteres Indiz für die vollständige Oxidation der Partikel liefert das EELS-Profil (*Electron Energy Loss Spectroscopy*; Elektronenenergieverlustspektroskopie, siehe Kapitel 4.3.1) über zwei benachbarte Partikel (Abbildung 3.5). Die Intensität der Sauerstoff-K-Kante (Energie = 532 eV) ist auf den Partikeln deutlich erhöht und fällt zwischen den Partikeln ab. Über dem Partikeldurchmesser bleibt die Intensität nahezu konstant.

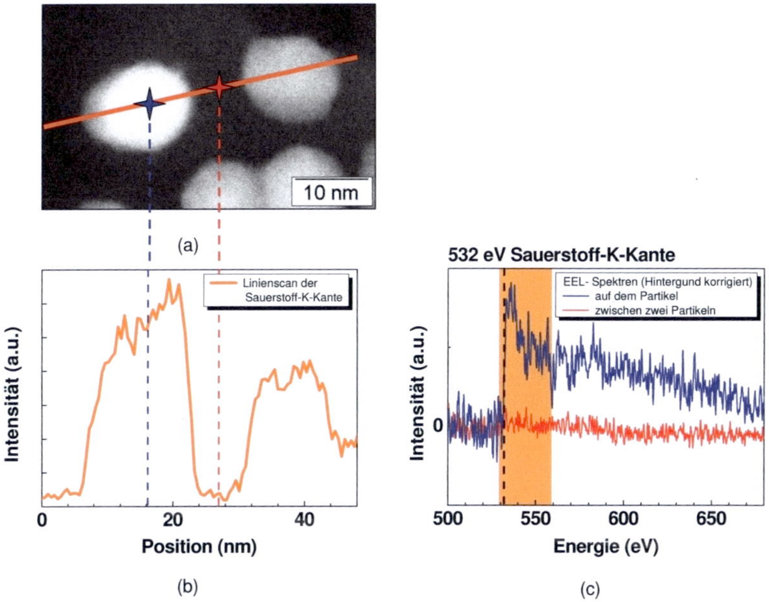

Abb. 3.5: Untersuchung der Oxidation der von einem Hafnium-Target mittels IGK erzeugten Nanopartikel: (a) High angle annular dark field (HAADF) Bild einer rastertransmissionselektronenmikroskopischen (STEM) Untersuchung zweier oxidierter Hafniumpartikel. (b) Intensitätsprofil der Sauerstoff-K-Kante über zwei HfO_2-Partikel hinweg. Die Intensität der Sauerstoff-K-Kante (Energie = 532 eV) ist auf den Partikeln deutlich erhöht und fällt zwischen den Partikeln signifikant ab. (c) EEL-Spektrum auf einem der Partikel (blau) und zwischen den Partikeln (rot) im Energiefenster der Sauerstoff-K-Kante.

Die Mehrzahl der vermessenen Partikel hat eine stark facettierte Form, die für ikosaedrische Partikel typisch ist. Die Morphologie von Nanopartikeln ist abhängig von ihrer Größe und wird sowohl von gleichgewichtsenergetischen (thermodynamischen) als auch von kinetischen Faktoren beeinflusst [Sta03]. Eine Voraussetzung für die Bildung von Ikosaedern in freien Partikeln ist eine hinreichend kleine Oberflächenenergie der (111)-Oberflächen, die die Facetten dieser Partikel bilden [Ino69]. Theoretische [Muk06] und experimentelle Arbeiten [Luo08] an HfO_2-Oberflächen zeigen, dass in monoklinem HfO_2 die (111)-Ebene in der Tat die Ebene mit der niedrigsten Oberflächenenergie ist. Die Bildung von HfO_2-Ikosaedern ist unter diesem Gesichtspunkt also höchstwahrscheinlich. Somit weist auch die Partikelmorphologie auf eine vollständige Oxidation der primären Hafniumpartikel in der sauerstoffhaltigen Umgebung hin. Im Folgenden wird daher für alle weiteren Betrachtungen von vollständig oxidierten HfO_2-Partikeln ausgegangen.

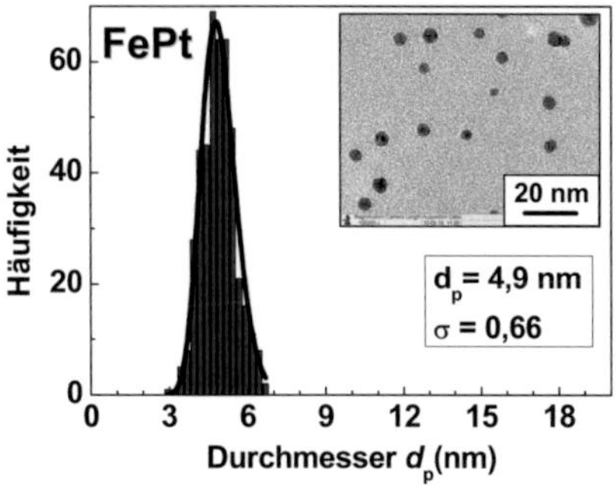

Abb. 3.6: Partikelgrößenverteilung und exemplarische TEM-Aufnahme von mittels IGK hergestellten FePt-Nanopartikeln. Der mittlere Partikeldurchmesser beträgt 4,9 nm.

3.2.2 FePt-Nanopartikel

FePt wird aufgrund seiner magnetischen Eigenschaften in Bezug auf seine Eignung als magnetisches Pinningzentrum untersucht (siehe Kapitel 7.3). Das Einbringen von magnetischen Nanopartikeln in $YBa_2Cu_3O_{7-\delta}$-Dünnschichten beruht auf der bereits in Kapitel 2.1 vorgestellten Überlegung, dass die magnetische Wechselwirkung zwischen dem Partikelmaterial und den Flusslinien einen zusätzlichen Beitrag zum Pinningpotential liefern kann. [Bla09, Wim10]

Die drei wesentlichen Anforderungen an solche magnetische Nanopartikel sind:

- eine hohe Sättigungsmagnetisierung, um j_c in hohen magnetischen Feldern zu erhöhen
- eine möglichst geringe Verunreinigung der $YBa_2Cu_3O_{7-\delta}$-Phase, um eine Absenkung von T_c zu verhindern und
- ein kleiner Durchmesser, um einen möglichst hohen Volumenanteil einbringen zu können.

Als Element mit der größten Sättigungsmagnetisierung kommt Eisen als Fremdmaterial in Frage. Reines Eisen führt mit steigender Konzentration in $YBa_2Cu_3O_{7-\delta}$ jedoch zu einer deutlichen Absenkung von T_c [Ull90]. Aus diesem Grund werden stabilere Eisenverbindungen oder Eisenoxide mit möglichst hoher Sättigungsmagnetisierung untersucht.

Die Kontrolle der Partikelgröße ist bei regellos in der supraleitenden Matrix angeordneten magnetischen Partikeln besonders wichtig, da ihre magnetischen Eigenschaften größenabhängig sind. Der Partikeldurchmesser muss so eingestellt werden, dass die Partikel superparamagnetisch sind und eine Blocking-Temperatur weit unterhalb von T_c haben. Mit dem Verfahren der Inertgaskondensation ist diese gezielte Eigenschaftseinstellung von Nanopartikeln vergleichsweise einfach möglich.

Aufgrund der umfangreichen vorliegenden Erfahrung in der Herstellung von FePt-Partikeln mittels IGK [Sch06] wurde in dieser Arbeit FePt verwendet, um ein potentiell magnetisches Partikelmaterial kontrolliert in $YBa_2Cu_3O_{7-\delta}$ einzubringen. FePt hat eine Sättigungsmagnetisierung von etwa 1,6 μ_B pro Atom. Partikel im Durchmesserbereich von 5 nm sind im ungeordneten kubisch flächenzentrierten Zustand superparamagnetisch und haben eine Blocking-Temperatur von etwa 50 K [Rel03]. Abbildung 3.6 zeigt ein typisches Beispiel für FePt-Nanopartikel mit einem mittleren Durchmesser von 4,9 nm. Über die Reaktion von FePt mit der $YBa_2Cu_3O_{7-\delta}$-Matrix gibt es bisher keine Untersuchungen. Aktuelle Forschungsergebnisse deuten darauf hin, dass die Oberfläche der FePt-Partikel mit Platin angereichert ist [Poh12], was zu einer Stabilisierung der FePt-Partikel in der oxidischen $YBa_2Cu_3O_{7-\delta}$-Matrix führen könnte. Ob sich diese FePt-Partikel tatsächlich für den Einsatz als magnetische Pinningzentren in $YBa_2Cu_3O_{7-\delta}$-Dünnschichten eignen, ist daher einer der Untersuchungsgegenstände der vorliegenden Arbeit.

4 Charakterisierungsverfahren

Die Charakterisierung der strukturellen und supraleitenden Eigenschaften der $YBa_2Cu_3O_{7-\delta}$-Dünnschichten sowie der Eigenschaften der eingebrachten Nanopartikel erfolgt mit Hilfe verschiedener Messverfahren, die in diesem Kapitel beschrieben werden.

4.1 Oberflächenbeschaffenheit

Rasterkraftmikroskopie (AFM)

Die Messung der Schichtdicke und der Rauigkeit der $YBa_2Cu_3O_{7-\delta}$-Oberfläche sowie die Charakterisierung der Partikelverteilung auf einer Oberfläche erfolgt mittels Rasterkraftmikroskopie (*atomic force microscopy*, AFM) an einem Nanoscope III Scanning Probe Microscope von *Digital Instruments*.
Die AFM basiert auf der Abrasterung der Oberfläche mit einer Siliziumspitze, die an einem schwingenden Hebelarm (*cantilever*) angebracht ist. Im Tastmodus (*tapping mode*) wird durch die Wechselwirkung mit den Van-der-Waals-Kräften an der Probenoberfläche die charakteristische Resonanzfrequenz der Spitze verändert. Die Auslenkung der Spitze wird über die Reflektion eines Laserstrahls mit einem ortssensitiven Photo-Detektor gemessen und in ein Höhenprofil umgerechnet. Die Bestimmung des Durchmessers von Nanopartikeln in der Größenordnung des Spitzendurchmessers (ca. 10 nm) ist im AFM nicht möglich.

Rasterelektronenmikroskopie (REM)

Die Topographie der $YBa_2Cu_3O_{7-\delta}$-Dünnschichten wurde mittels Rasterelektronenmikroskopie (REM), *Philips XL 20*, bei 20kV untersucht. Die REM nutzt einen fokussierten Elektronenstrahl zur Abrasterung der Probenoberfläche. Die Bilderzeugung erfolgt durch Detektion der von der Probe emittierten Sekundärelektronen. [Rei99]

4.2 Struktur und Zusammensetzung

Die Phasenzusammensetzung und Orientierung der $YBa_2Cu_3O_{7-\delta}$-Dünnschichten und möglicher Fremdphasen werden mit verschiedenen Verfahren der Röntgendiffraktometrie (*x-ray diffraction*, XRD) bestimmt.

Röntgendiffraktometrie (XRD)

Bei der XRD wird monochromatische Röntgenstrahlung mit einer definierten Wellenlänge unter einem variablen Winkel θ auf die Probe eingestrahlt.[1] Die Röntgenstrahlung wird jeweils an den Netzebenenscharen *(hkl)* mit dem Abstand d gebeugt, für die die Bragg-Bedingung (Gleichung 4.1) erfüllt ist:

$$n\lambda = 2d\sin(\theta) \tag{4.1}$$

Erfolgt die Detektion der gebeugten Strahlen in der Bragg-Brentano-Geometrie, d. h. unter dem Winkel 2θ zur Primärstrahlrichtung, ist die Bragg-Bedingung nur für Netzebenenscharen erfüllt, die parallel zur Probenoberfläche liegen. Aus Reflexlage und -höhe wird durch Berechnung der Gitterkonstanten bzw. durch den Vergleich mit Referenzdaten die vollständige Ausbildung und c-Achsen-Orientierung der orthorhombischen $YBa_2Cu_3O_{7-\delta}$ -Phase überprüft. Darüber hinaus können mit diesem Verfahren c-Achsen-texturierte Fremdphasen im $YBa_2Cu_3O_{7-\delta}$ identifiziert werden.
Die Bestimmung der c-Achsenlänge der $YBa_2Cu_3O_{7-\delta}$-Elementarzelle erfolgte nach der Methode von Nelson und Riley [Nel45, Spi09] aus der Lage der Beugungsreflexe im Röntgendiffraktogramm. Mit diesem Verfahren werden systematische Fehler der Messung, insbesondere in kleinen Winkelbereichen, minimiert. Die Reflexmaxima der Röntgendiffraktogramme werden mit einer Pseudo-Voigt-Funktion angenähert. Auf die $(00l)$-Reflexlagen der $YBa_2Cu_3O_{7-\delta}$-Schicht, die nicht von den $(00l)$-Reflexen des $SrTiO_3$ -Substrates überlagert werden (l = 4,5,7,8), wird Gleichung 4.2 angewendet. Die lineare Extrapolation der Gleichung 4.3 auf $\mathrm{NR}(\theta) = 0$ (d aus Gleichung 4.1 mit $n = l$) liefert den Gitterparameter c:

$$\mathrm{NR}(\theta) = \frac{\cos^2(\theta)}{\sin\theta} + \frac{\cos^2(\theta)}{\theta} \tag{4.2}$$

$$d(\theta) = \mathrm{NR}(\theta) + c \tag{4.3}$$

[1] Es wurde ein *Philips X'Pert PW3020* Pulverdiffraktometer verwendet (Co-K_α Strahlung; λ = 0,178 nm). Die Monochromatisierung der Röntgenstrahlung erfolgt hier über einen Sekundärmonochromator hinter der Probe.

Texturmessung

Die Orientierung der $YBa_2Cu_3O_{7-\delta}$-Phase in der Ebene (*in plane*) und die Ausbildung nicht-c-Achsen-texturierter Fremdphasen werden aus der Richtungsverteilung ausgewählter Netzebenenscharen bestimmt.[2] Für die Messung dieser Polfiguren wird die Probe in einem Vierkreisdiffraktometer bei einem konstanten Winkel 2θ um ihre Längsachse ψ gekippt und um eine Achse φ senkrecht zur Probenoberfläche gedreht.

4.3 Partikelmorphologie und Dünnschichtaufbau

4.3.1 Transmissionselektronenmikroskopie (TEM)

Die Bestimmung von Größe und Anzahl der Nanopartikel und die Charakterisierung der Multilagen erfolgte anhand von transmissionselektronenmikroskopischen Untersuchungen. Die Abbildung im TEM basiert auf der Ablenkung der Elektronen an den Atomen der Probe. In Abhängigkeit von der Ordnungszahl und der Probendicke ($\ll 1\ \mu$m) ändern sich der Streuwinkel und die transmittierte Intensität der Elektronen. Je stärker diese Ablenkung, desto dunkler erscheinen die durchstrahlten Probenbereiche. Neben diesem Massendickenkontrast kann in kristallinen Materialien zusätzlich ein Beugungskontrast auftreten, wenn der einfallende Elektronenstrahl die Bragg-Bedingung (Gleichung 4.1) für eine bestimmte Netzebenenschar erfüllt. Aufgrund der sehr kleinen Wellenlänge von Elektronen können mit der konventionellen TEM Kristallstrukturen nahezu mit atomarer Auflösung abgebildet werden. Die Detektion der abgelenkten Elektronen erfolgt hierbei heute über eine CCD-Kamera, der ein Szintillator vorgeschaltet ist.
Der überwiegende Teil der Bilder wurde mit einem Transmissionselektronenmikroskop vom Typ *Tecnai G^2 20* der Firma *FEI* mit einer LaB_6-Kathode bei 200 kV Beschleunigungsspannung aufgenommen. Die hochaufgelösten TEM-Aufnahmen in Abbildung 3.4 wurden an einem *FEI Titan³ 80-300* bei 300kV erstellt[3].

Probenpräparation für die TEM

Für die Eigenschaftsanalyse im TEM werden die Nanopartikel auf mit amorphem Kohlenstoff beschichteten Kupfernetzchen deponiert. Dass die Größe der Partikel und ihre Belegdichte auf dem Kupfernetzchen mit den Partikeleigenschaften auf einem $SrTiO_3$-Substrat oder einer $YBa_2Cu_3O_{7-\delta}$-Oberfläche vergleichbar sind, wurde bereits in vorangegangenen Arbeiten gezeigt [Spa07a, Spa07b].

[2] Es wurde ein *Philips X'Pert PW 3040* Diffraktometer mit Cu-K_α Strahlung ($\lambda = 0{,}154$ nm) verwendet.
[3] Aufnahme der HR-TEM-Bilder und EELS-Spektren am IFW Dresden, 2011: Anja Kießling und Darius Pohl.

Die Defektanalyse und die Darstellung der Partikel in den $YBa_2Cu_3O_{7-\delta}$-Multilagen im TEM erfordert die Abdünnung der Proben auf Dicken $\leq$ 50 nm. Hierfür werden an einem Zweistrahlgerät vom Typ *Helios Nanolab 600i* der Firma *FEI* mit einem fokussierten Ionenenstrahl (*focused ion beam*, FIB) Querschnittslamellen angefertigt. Details dieses Präparationsverfahrens sind unter anderem in der Dissertation von Tom Thersleff [The11] ausführlich beschrieben. Die FIB-Technik ermöglicht eine schnelle und zielgerichtete Präparation von Querschnittslamellen aus Dünnschichtproben. Im Unterschied zur konventionellen TEM-Präparation wird die Probe dabei nicht zerstört, und es können weitaus größere Probenbereiche dargestellt werden. Der wesentliche Nachteil der FIB-Präparation, insbesondere oxidischer Proben, ist die Gefahr der Amorphisierung des zu untersuchenden Materials durch den Beschuss mit Galliumionen. Der Eintrag zusätzlicher Spannungen in die Lamelle kann hierbei ebenfalls nicht ausgeschlossen werden.

Rastertransmissionselektronenmikroskopie (STEM)

Die lokale Bestimmung der chemischen Zusammensetzung in den FIB-Lamellen erfolgte mittels Rastertransmissionselektronenmikroskopie (*scanning transmission electron microscopy*, STEM). Bei der STEM wird die Probe mit einem fokussierten Elektronenstrahl abgerastert. Durch die Wechselwirkung zwischen dem Elektronenstrahl und den Atomen in der Probe wird lokal Röntgenstrahlung emittiert. Das entstehende charakteristische Röntgenspektrum wird mit einem energiedispersiven Röntgenanalyse-System der Firma *EDAX* analysiert. Es gibt Aufschluss über die lokale Verteilung der Elemente in den Proben.

Elektronenenergieverlustspektroskopie (EELS)

Alternativ kann für die Bestimmung der lokalen chemischen Zusammensetzung der Partikel die Elektronenenergieverlustspektroskopie (*electron energy loss spectroscopy*, EELS) verwendet werden. Dieses Verfahren eignet sich insbesondere für die Analyse leichter Elemente wie Sauerstoff. Die EELS basiert auf der Analyse des Energieverlustes der Primärelektronen durch die inelastische Wechselwirkung mit der Probe. In einer hinreichend dünnen Probe wird ein Primärstrahlelektron in der Probe maximal einmal inelastisch gestreut. Der Energieverlust ΔE, den dieses Elektron dabei erleidet, ist abhängig vom streuenden Element und der Art der Bindung und lässt Rückschlüsse auf die chemische Zusammensetzung der Probe zu. Wie bei der STEM erlaubt das Abrastern der Probe mit einem fokusierten Elektronenstrahl eine lokale Zuordnung der chemischen Analyse. Die in Abbildung 3.5 dargestellten EEL-Spektren wurden an einem hochauflösenden TEM vom Typ *FEI Titan*^{3} bei 300 keV aufgenommen.

4.3.2 Bestimmung der Partikeleigenschaften

Aus den TEM-Aufnahmen wurden an ca. 200 Partikeln pro Probe jeweils die lange und die kurze Halbachse der als ellipsoidal geformt angenommenen Partikel ausgemessen (iTEM-Softwarepaket der *Olympus Soft Imaging Solutions GmbH*). Der kleinere der beiden Messwerte wurde dabei als Partikelhöhe angenommen. Aus dem Volumen der Ellipsoide wurde dann der effektive Durchmesser eines volumengleichen sphärischen Partikels berechnet. Der mittlere Partikeldurchmesser d_P einer Probe wird über die Annäherung dieser Werte durch eine logarithmische-Normalverteilung ermittelt [Gra76]. Die (Flächen-)Belegdichte N, d. h. die Anzahl der Partikel pro μm^2, wird durch Auszählen der Partikel auf einer Fläche von mindestens 1 $\mu\mathrm{m}^2$ aus TEM-Aufnahmen bestimmt. Diese Daten sind die Grundlage der Berechnung des Volumenanteils v_P und der Anzahldichte der Partikel n_P in den Multilagen in Gleichung 7.1 und 7.2 in Kapitel 7.

4.4 Stromtransport im Supraleiter

Die kritische Stromdichte j_c und die Sprungtemperatur T_c der $\mathrm{YBa_2Cu_3O_{7-\delta}}$-Schichten werden aus resistiven Transportmessungen in einem Physical Property Measurement System (PPMS) der Firma *Quantum Design* bestimmt. Dieses System arbeitet im Temperaturbereich von 2 K bis 400 K mit äußeren Magnetfeldern $\mu_0 H$ bis 9 T. Zusätzlich kann der Winkel zwischen angelegtem Magnetfeld und Probe variabel eingestellt werden. Das Messprinzip entspricht dem einer klassischen Vierpunktmessung. Die beiden äußeren Kontakte dienen der Stromzuführung. Über die inneren Kontakte wird die über dem Messweg abfallende Spannung gemessen (Abbildung 4.1(a)).

Für die Transportmessungen sind Messstege definierter Geometrie erforderlich. Diese werden über eine photolithographische Maske auf die Probenoberfläche übertragen, entwickelt und durch Beschuss mit $\mathrm{Ar^+}$-Ionen geätzt. Erst durch diese Strukturierung der Proben können die hohen kritischen Stromdichten in $\mathrm{YBa_2Cu_3O_{7-\delta}}$-Dünnschichten zuverlässig und untereinander vergleichbar gemessen werden [Hän05a]. Die Kontaktierung erfolgt über Press- oder Klebekontakte. Zur Senkung der Kontaktwiderstände wird mittels PLD zusätzlich Gold auf den Kontaktflächen abgeschieden. Die Messstege haben eine Länge von 0,8 mm und eine Breite von 50 μm. Die Steghöhe ist durch die Dünnschichtdicke gegeben. Lokale Abweichungen in der Geometrie des Stegquerschnittes, die bis zu 10% betragen können, haben den größten Einfluss auf den Fehler bei der Ermittlung der kritischen Stromdichte [Hän05a].

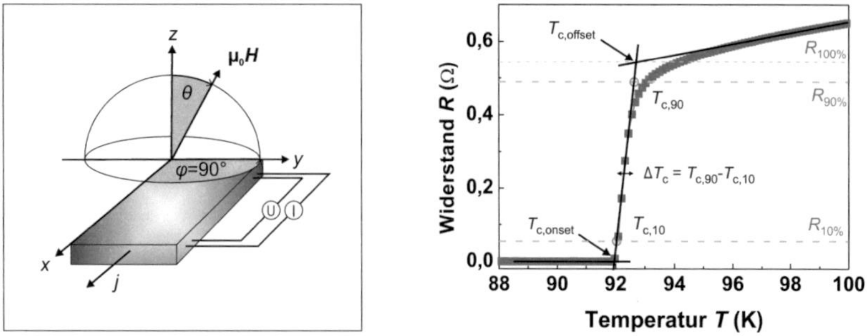

(a) (b)

Abb. 4.1: (a) Messanordnung für die Bestimmung der Magnetfeld- und Richtungsabhängigkeit der kritischen Stromdichte $j_c(\mu_0 H,\ \theta)$. (b) $R(T)$-Kennlinie einer $YBa_2Cu_3O_{7-\delta}$-Dünnschicht mit Darstellung der Kennwerte zur Bestimmung von T_c.

Kritische Stromdichte $j_c(\mu_0 H,\ \theta)$ und kritische Temperatur T_c

Die Messung der kritischen Stromdichte j_c findet bei konstanter Temperatur in äußeren Magnetfeldern bis 9 T statt. Es werden hierfür bei jedem Feld Strom-Spannungs-Kennlinien aufgezeichnet, aus denen j_c mit einem Feldkriterium von $E(j)=1$ μV/cm berechnet wird. Für die Bestimmung der Feldabhängigkeit der kritischen Stromdichte $j_c(\mu_0 H)$ (siehe Abbildung 2.7) wird die Magnetfeldstärke H bei konstanter Feldrichtung θ variiert. Die Feldrichtungsabhängigkeit der kritischen Stromdichte $j_c(\theta)$ wird durch Rotation der Probe bei konstantem Magnetfeld ermittelt (siehe Abbildung 2.9). Der Winkel zwischen Probenoberfläche und Magnetfeld wird dabei so eingestellt, dass H immer senkrecht zum Transportstrom anliegt (Abbildung 4.1 (a)).

Die Ermittlung der Übergangstemperatur T_c an den strukturierten Proben erfolgt über die Messung des temperaturabhängigen elektrischen Widerstandes $R(T)$. Hierfür wird die Probe mit einer Rate von 1 K/min aufgeheizt. Der Messstrom liegt bei 100 μA. T_c wird als die Temperatur definiert, bei welcher der Anstieg der R(T)-Kurve im Übergangsbereich die Nulllinie schneidet (Onsetpunkt). ΔT_c beschreibt die Differenz zwischen $T_{c,90}$ und $T_{c,10}$ (Abbildung 4.1 (b)). Das Irreversibilitätsfeld H_{irr} wird in erster Näherung[4] aus den $R(T)$-Messungen bei konstantem Magnetfeld mit einem elektrischen Feldkriterium von $E = 10$ μV/cm bestimmt.

[4]In dünnen Schichten ist H_{irr} aufgrund des hohen Entmagnetisierungsfaktors nur schwer messbar. Es wird daher häufig über ein Strom-, Feld- oder Widerstandskriterium abgeschätzt. [Hän05a]

5 Kombination von gepulster Laserabscheidung und Inertgaskondensation in einer UHV-Anlage

Die Herstellung von Nanopartikel-Dünnschicht-Multilagen erfordert den Aufbau einer UHV-Anlage, mit der die gepulste Laserabscheidung (PLD) von dünnen Schichten und die Inertgaskondensation (IGK) von Nanopartikeln in einem System kombiniert werden können. Darüber hinaus muss ein Verfahrensablauf entwickelt werden, mit dem in dieser Anlage IGK-Partikel kontrolliert in $YBa_2Cu_3O_{7-\delta}$-Dünnschichten eingebracht werden können.
In diesem Kapitel wird die Konzeption, der Aufbau und die Funktionsweise einer Hochvakuumanlage beschrieben, die die Abscheidung von Dünnschichten mittels PLD und die Synthese von Nanopartikeln aus der Gasphase in einem System vereint. Im ersten Teil werden die unterschiedlichen Anforderungen der beiden Verfahren an die Prozessparameter kurz dargestellt. Des Weiteren wird gezeigt, wie diese teilweise konträren Anforderungen in einem System kombiniert werden können. Der zweite Abschnitt des Kapitels liefert eine detaillierte Beschreibung der wesentlichen Komponenten der kombinierten PLD-Sputter-Anlage. Im letzten Teil folgt eine Beschreibung möglicher Verfahrenswege für die Herstellung von Partikel-$YBa_2Cu_3O_{7-\delta}$-Multilagen in der kombinierten UHV-Anlage.

5.1 Anforderungen von gepulster Laserabscheidung und Inertgaskondensation an die Prozessbedingungen

Ziel der Kombination von Schichtabscheidung und Partikelsynthese ist die Herstellung von Heterostrukturen oder Multilagensystemen aus YBCO-Dünnschichten und gasphasenkondensierten Nanopartikeln. Die wesentliche Herausforderung bei der Kombination dieser bei-

den Verfahren in einer Vakuumkammer liegt darin, dass beide Prozesse unterschiedliche Anforderungen an die Gasatmosphäre stellen.
Die gepulste Laserabscheidung von YBCO erfordert eine Sauerstoffatmosphäre im Bereich von 0,2 - 0,5 mbar. Diese Sauerstoffatmosphäre ist entscheidend für die Phasenbildung und die Einstellung der Stöchiometrie in $YBa_2Cu_3O_{7-\delta}$ und daher mitbestimmend für die Ausprägung der supraleitenden Eigenschaften.
Das Sputtern von Nanopartikeln im Inertgasstrom hingegen erfordert eine sauerstofffreie Atmosphäre. Sauerstoffverunreinigungen der Prozessgase (Argon oder Helium) würden das Zünden der Sputterquelle beeinträchtigen und dadurch eine kontrollierte Nukleation und Aggregation der Partikel verhindern [Sch06]. Gleiches gilt für einen Sauerstoff-Restgasdruck von $\geq 10^{-2}$ mbar in der Depositionskammer. Hier führt die Diffusion von Sauerstoffmolekülen von der Depositions- in die Nukleationskammer zu einer Instabilität des Plasmas an der Sputterquelle.
Für eine erfolgreiche Kombination der IGK mit der YBCO-PLD muss demzufolge der Sauerstoff vom Sputterprozess ferngehalten werden. Dies ist in der entwickelten Sputter-PLD-Anlage sowohl über eine räumliche als auch eine zeitliche Trennung der Teilprozesse realisiert. Die Depositionskammer kann während der PLD mit einem UHV-Schieber von der Sputterquelle getrennt werden. Als Konsequenz aus dieser Atmosphärentrennung können Heterostrukturen in der kombinierten Anlage nur in Form von Mehrfachlagen erzeugt werden.

5.2 Aufbau der kombinierten Sputter-PLD-Anlage

Auf Grundlage der Anforderungen von IGK und PLD an die Prozessbedingungen wurde die kombinierte Sputter-PLD-Anlage als Zweikammersystem konzipiert (Abbildung 5.1). Die Sputterkammer beherbergt die Sputterquelle sowie die Nukleations- und Aggregationszone für die Partikelsynthese. In der Depositionskammer findet sowohl die PLD als auch die Deposition der Partikel auf dem Substrat statt.
Die Anordnung der für die IGK und die PLD notwendigen Komponenten an und in der Depositionskammer berücksichtigt sowohl prozessbedingte Anforderungen an die kombinierte Sputter-PLD-Anlage als auch geometrische und organisatorische Randbedingungen, wie zum Beispiel die Größe der Einzelkomponenten und den verfügbaren Platz im Labor. Die wesentlichen Komponenten der kombinierten Anlage werden im Folgenden beschrieben.

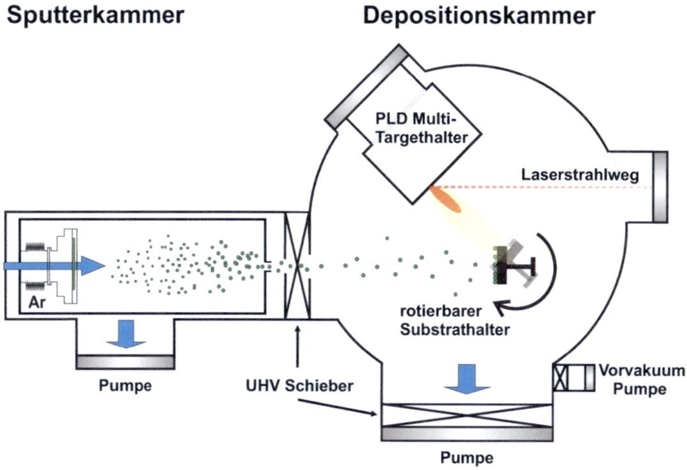

(a)

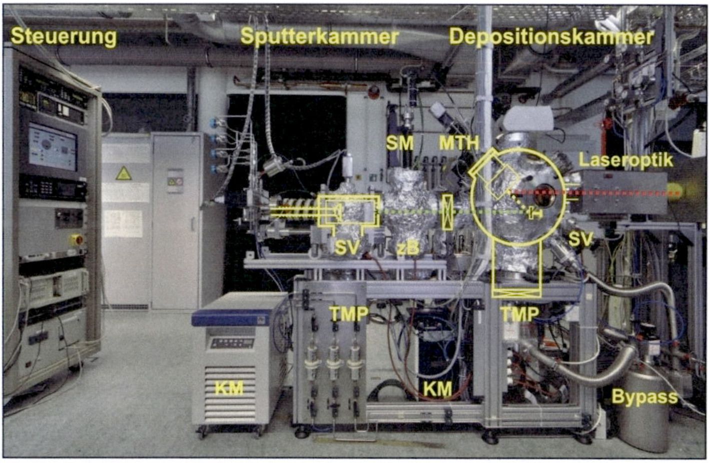

(b)

Abb. 5.1: (a) Schematische Darstellung der kombinierten Sputter-PLD-Anlage. Während der PLD sind beide UHV-Schieber geschlossen. (b) Kombinierte Sputter-PLD-Anlage im Labor mit Kennzeichung der verschiedenen Komponenten von Sputterkammer, Depositionskammer und Laseroptik sowie der Prozesswege: KM...Kühlmobil, TMP...Turbomolekularpumpe, SV...Schmetterlings-Ventil, zB...zeitgesteuerte Blende, SM...Schichtdickenmonitor, MTH...Multitargethalter. Für die Steuerung gibt es zusätzlich einen PC-Arbeitsplatz (nicht dargestellt). Die Vorvakuumpumpen und der Manipulator mit dem rotierbaren Substrathalter befinden sich auf der rückwärtigen Seite der Anlage.

Komponenten für die PLD

Die Depositionskammer ist nach dem Vorbild einer klassischen On-axis-PLD-Kammer (Abbildung 2.5) aufgebaut. Das Target und das Substrat sind parallel zueinander angeordnet. Der Laser trifft unter einem Winkel von 45° auf die Targetoberfläche.
Der Targethalter ist ein Targetkarusell mit 8 Targetaufnehmern[1]. Über eine koaxiale Drehdurchführung wird eine Rotationsbewegung der Einzeltargets sowohl um die eigene Achse als auch auf dem Karusell realisiert. Diese Dreh-Schwenk-Bewegung ermöglicht einen gleichmäßig flächigen Abtrag der gesamten Targetoberfläche durch den gepulsten Laser.[2]
Der UV-Excimer-Laser (KrF mit λ = 248 nm) wird durch eine rechteckige Lochblende (Größe 15 mm × 18 mm) und eine Sammellinse (Brennweite f = 393,13 mm) so auf das zu ablatierende Material gerichtet, dass die Blende scharf und nahezu quadratisch auf dem Target abgebildet wird.
Das Substrat ($SrTiO_3$ (100), Firma *Crystal*) ist in einem definierten Abstand parallel zum Target auf einem beheizbaren Halter (Widerstandsheizer *TSST*) angebracht. Der Abstand zwischen Substrat und Target kann zwischen 5 und 10 cm frei variiert werden. Für die in der vorliegenden Arbeit hergestellten Proben ist der Abstand mit 5,5 cm so auf den gewählten Prozessdruck (0,4 mbar) während der YBCO-Abscheidung in der Hochvakuumkammer abgestimmt, dass die YBCO-Oberfläche frei von Schmelzspritzern (*droplets*) bleibt [Kim92]. Das Substrat wird mit Silberleitlack auf den Substratheizer aufgeklebt. Die Reproduzierbarkeit dieser Klebung und damit der Substrattemperatur wird mit einem Keramikpyrometer (*Heitronics KT19 II*) überwacht. Die Heizertemperatur wird mit einer Spannungsquelle über ein programmierbares Steuergerät der Firma *Eurotherm* geregelt. Das Thermoelement zur Temperaturüberwachung befindet sich direkt hinter dem Substrat in der Heizerplatte.

Komponenten für die Inertgaskondensation

Der Aufbau und die Anordnung der Sputterkammer erfolgte nach dem Vorbild der Gas-Aggregationsquelle von *Oxford Applied Research (OAR)*, Typ *Nanodep 60* (Abbildung 3.1). Als Sputterquelle wird die Nanocluster-Depositions-Quelle Model NC200U-B (*OAR*) verwendet. Diese besteht aus einem DC-Magnetron-Sputterkopf, der ihn umgebenden Nukleations- und Aggregationskammer sowie einem UHV-Pumpensystem. Das Sputtern erfolgt stromgesteuert, um die Anzahl der ionisierten Gasatome während des Prozesses

[1]Konzept des Targetaufnehmers: *Siemens AG*; Konstruktion und Bau am IFW Dresden, 2008: Dr. Sebastian Fähler, Dr. Ruben Hühne und Abteilung Forschungstechnik.

[2]Programmierung der Steuerung von Targetaufnehmer und Laser am IFW Dresden: Dr. Sebastian Fähler.

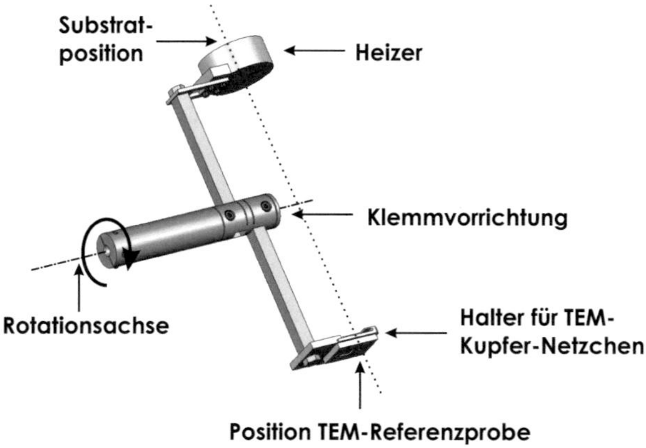

Abb. 5.2: Zweiarmiger rotierbarer Substrathalter. Der Heizer für die PLD und der Halter für die TEM-Kupfernetzchen liegen einander gegenüber.

konstant zu halten. Der Druck in der Nukleationskammer wird über den Prozessgasstrom eingestellt. Der Gasvolumenstrom kann über ein Schmetterlingsventil vor der Turbopumpe justiert werden [Sch06]. Durch differentielles Pumpen an einem Doppelblendensystem (Blendendurchmesser 2 - 6 mm) werden die Partikel im Ar-Gasstrom beschleunigt und in die Depositionskammer injiziert. Die Dauer der Beschichtung der Probe mit Partikeln wird über eine zeitgesteuerte Blende[3] im Partikelstrahl reproduzierbar geregelt.
Die gesamte Gas-Aggregationsquelle ist auf einer Schiene verfahrbar[4]. Dies ermöglicht ein einfaches Wechseln der Blenden und bei Bedarf den Einbau zusätzlicher Module wie zum Beispiel eines Lichtofens zur Wärmebehandlung von Partikeln im Flug [Rel06, Moh12] oder eines Quadrupol-Massenfilters zur Größenselektion der Partikel [Sch06].

Position der Probe in der Depositionskammer

Die Position der Probe bzw. des Substrates in der Depositionskammer ist so gewählt, dass auf ihrer Oberfläche einerseits die Dünnschichtabscheidung und andererseits die Partikeldeposition erfolgen kann. Da sowohl die Plasmakeule als auch der Partikelstrahl senkrecht auf das Substrat treffen, muss der Substrathalter eine einfache Änderung der Substratposition in der Depositionskammer zulassen. Dies ist über einen rotierbaren xyz-Manipulator

[3]Konstruktion und Bau der zeitgesteuerten Blende am IFW Dresden, 2006: Abteilung Forschungstechnik.
[4]Konstruktion und Bau der Verschiebeeinheit am IFW Dresden, 2007/2008: Alexander Horst, Elias Mohn und Abteilung Forschungstechnik.

realisiert, an dem ein zweiarmiger Substrathalter[5] befestigt ist (Abbildung 5.2). Senkrecht zur Längsachse des Manipulatorarms sind der Heizer für die Erwärmung des Substrates während der PLD und diametral dazu der Aufnehmer der Referenz-Kupfernetzchen für die Partikelanalyse im TEM angebracht. Die Lage des Aufnehmers für die TEM-Referenzprobe ist so gewählt, dass das Kupfernetzchen nicht durch die Wärme zerstört wird, die während der PLD am Heizer anliegt. Die Positionierung auf der dem Heizer gegenüberliegenden Seite ermöglicht es darüber hinaus, während der Partikeldeposition durch Drehung des Manipulatorarms schnell zwischen der Deposition auf dem Substrat und auf der Referenzprobe zu wechseln. Der Abstand von Substrat und Kupfernetzchen zur Manipulatorachse kann über eine Klemmvorrichtung frei variiert und den Depositionsanforderungen entsprechend angepasst werden.

Steuerung und Vakuumsystem

Ein großer Teil der Komponenten der kombinierten Sputter-PLD-Anlage ist in ein speicherprogrammierbares Steuerungssystem[6] eingebunden. Dies gewährleistet unter anderem die automatische Abschaltung der Pumpen und der Sputterquelle sowie das Schließen der UHV-Schieber bei unplanmäßigem Druckanstieg oder Ausfall des Kühlwassers.
Ein UHV-Schieber zwischen Turbomolekularpumpe und Depositionskammer ermöglicht das Belüften der Depositionskammer bei laufender Pumpe. Im Anschluss an die Belüftung kann der Druck in der Depositionskammer über einen Turbopumpenbypass zwischen Vorpumpe und Depositionskammer wieder auf 10^{-3} mbar gesenkt werden. Dies verringert deutlich die Zeitspanne, die für den Probeneinbau und den Atmosphärenwechsel zwischen Dünnschicht- und Partikeldeposition benötigt wird.
Die verschiedenen Prozessgase werden über Massenflussregler mit kontrollierter Rate in die Kammer eingelassen. Die Prozessgasdrücke werden mit Mehrbereichsdrucksensoren überwacht. Die Einstellung konstanter Prozessgasdrücke in der Depositionskammer erfolgt über ein druckgeregeltes Schmetterlingsventil zwischen der Depositionskammer und einer Vorvakuumpumpe.

[5] Konstruktion und Bau des zweiarmigen Substrathalters am IFW Dresden: Maria Sparing und Abteilung Forschungstechnik.

[6] Programmierung und Installation der Anlagensteuerung am IFW Dresden, 2008/2009: Uwe Reinhold und Peter Werner, Abteilung Forschungstechnik.

5.3 Verlauf der Herstellung von Nanopartikel-$YBa_2Cu_3O_{7-\delta}$-Multilagen

Nanopartikel-$YBa_2Cu_3O_{7-\delta}$-Multilagen werden über einen zweistufigen, sequenziellen Prozess hergestellt, in dem Partikel- und Schichtdeposition abwechselnd nacheinander stattfinden. Drei Faktoren bestimmen die Gestaltung des Prozessablaufes:

- die reproduzierbare Abscheidung von epitaktischen $YBa_2Cu_3O_{7-\delta}$-Dünnschichten mit guten supraleitenden Eigenschaften,
- das kontrollierte Einbringen vordefinierter Partikel in die Quasi-Multilagen und
- die Optimierung der Prozessdauer.

Nanopartikelsynthese und $YBa_2Cu_3O_{7-\delta}$-Schichtwachstum stellen unterschiedliche Anforderungen an die Prozessbedingungen, insbesondere an die Substrattemperatur und den Druck in der Depositionskammer. Dies führt zu Einschränkungen im Verlauf der Multilagenherstellung, die im Folgenden dargestellt werden. Darauf aufbauend werden im Anschluss drei mögliche Verfahrenswege für die Multilagenherstellung entwickelt.

Prozessdruck und Substrattemperatur während der Inertgaskondensation

Bei der Planung der Sputter-PLD-Anlage wurde davon ausgegangen, dass der Druck in der Depositionskammer während der Partikeldeposition bei 10^{-4} bis 10^{-6} mbar liegen muss, damit die Partikel in die Depositionskammer injiziert werden können. [Sch06]
Wird die Depositionskammer mit der $YBa_2Cu_3O_{7-\delta}$-Schicht bei einer Substrattemperatur von ca. 800 °C evakuiert, kommt es - im Wesentlichen infolge des reduzierten Sauerstoffpartialdruckes - zur Bildung unerwünschter Phasen aus Y, Ba, Cu und Sauerstoff, zu einer Änderung der Stöchiometrie und zu einer Reduktion des Sauerstoffgehaltes in der Schicht [Kwo91, Kim94, Ham89]. Der für $YBa_2Cu_3O_{7-\delta}$ optimale Sauerstoffgehalt kann durch nachträgliche Oxidation und Erwärmung der Schichten wieder eingestellt werden. Die Bildung unerwünschter Phasen hingegen ist irreversibel. Eine Degeneration der $YBa_2Cu_3O_{7-\delta}$-Schicht während der Einbringung der Nanopartikel kann nur durch Abkühlen der Probe vor der Evakuierung der Depositionskammer für die Partikeldeposition mittels IGK verhindert werden.
Die Probentemperatur, auf die die Probe vor der Evakuierung abkühlen muss, ist abhängig vom Druck, der während der IGK in der Depositionskammer eingestellt wird. Auf der Grundlage der verfügbaren Phasendiagramme [Lin91, Kwo91, Ham89, Gal87] wurde abgeschätzt, dass die $YBa_2Cu_3O_{7-\delta}$-Schicht vor der Evakuierung auf unter 500 °C abkühlen

muss, um eine schnelle Zersetzung der $YBa_2Cu_3O_{7-\delta}$-Phase zu verhindern.[7] Die Abschätzung der Evakuierungstemperatur wird durch vorbereitende Glühversuche an $YBa_2Cu_3O_{7-\delta}$-Einfachlagen bei 10^{-7} mbar gestützt. Hier traten bei Evakuierungstemperaturen oberhalb von 500 °C zusätzliche Reflexe im Röntgendiffraktogramm auf, die auf die Bildung unerwünschter Phasen zurückzuführen sind.
Für die Abkühlung auf die Evakuierungstemperatur werden zwei mögliche Atmosphären untersucht. Im ersten Fall erfolgt die Abkühlung in einer Sauerstoffatmosphäre von 400 mbar, im zweiten bei 0,4 mbar O_2 + 400 mbar Argon (Abbildung 5.3: Abkühlverlauf ① und ②).

Berechnungen von Elias Mohn und Maxim Voronov, die gegen Ende der vorliegenden Arbeit erfolgten, haben gezeigt, dass nach der zweiten Blende zwischen Aggregations- und Depositionskammer keine weitere Beschleunigung der Partikel stattfindet [Moh12]. Daraus folgt, dass die Partikeldeposition bereits bei einem Druck von 10^{-3} mbar in der Depositionskammer möglich ist.
Auf Grundlage dieser Ergebnisse wurde ein modifiziertes Verfahren zur Multilagenherstellung entwickelt. Dieses erlaubt es, die Partikel bei einem vergleichsweise höheren Druck von 10^{-3} mbar in der Depositionskammer zu deponieren. Damit kann die Evakuierungstemperatur der Probe bei einer höheren Substrattemperatur von ca. 650 °C erfolgen (Abbildung 5.3: Abkühlverlauf ③).
Der wesentliche Unterschied zwischen den Abkühlverläufen ① und ② einerseits und ③ andererseits besteht darin, dass bei ① und ② in den YBCO-Dünnschichten die Umwandlung von der tetragonalen in die orthorhombische Phase stattfindet, bevor der Druck in der Depositionskammer für die Partikeldeposition abgesenkt wird. Im Abkühlverlauf ③ kann diese Umwandlung infolge der hohen Schichttemperatur und des geringen Sauerstoffpartialdruckes (siehe Abbildung 5.3) nicht stattfinden. Welchen Einfluss die unterschiedlichen Abkühlverläufe auf die Eigenschaften der $YBa_2Cu_3O_{7-\delta}$-Multilagen haben, wird im folgenden Kapitel diskutiert.

[7] Der Stabilitätsbereich von $YBa_2Cu_3O_{7-\delta}$ kann anhand der Phasendiagramme [Lin91, Kwo91, Ham89] für $YBa_2Cu_3O_{7-\delta}$-Dünnschichten nur in erster Näherung abgeschätzt werden. Die Phasendiagramme zeigen zwar die Stabilität des Systems $YBa_2Cu_3O_{7-\delta}$ in Abhängigkeit von Temperatur und Sauerstoffpartialdruck, berücksichtigen jedoch nur unzureichend die Kinetik dieser Prozesse.

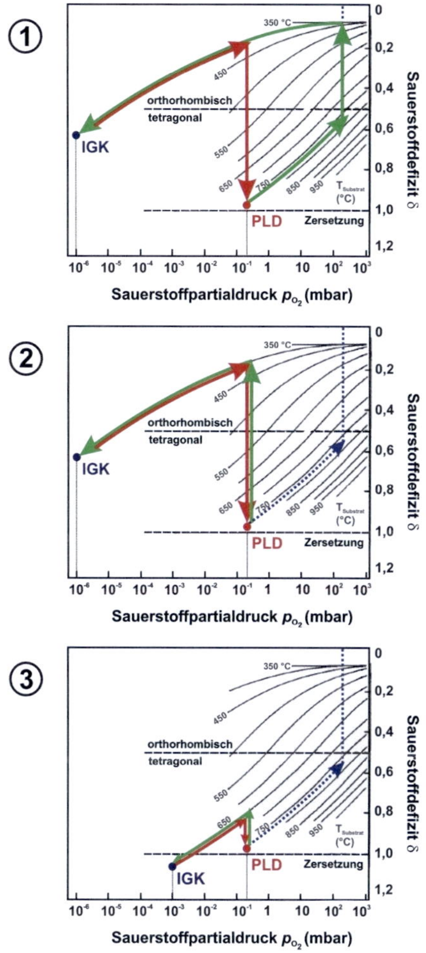

Abb. 5.3: Darstellung verschiedener Verfahrenswege bei der Multilagenherstellung im Druck-Temperatur-Phasendiagramm [Kwo91, Gal87]. Die farbigen Pfeile kennzeichnen den Verlauf der Abkühlung der Multilagen für die Partikeldeposition mittels IGK (grün), der Erwärmung für die PLD von $YBa_2Cu_3O_{7-\delta}$ (rot) und der abschließenden Abkühlung der Probe in 400 mbar Sauerstoff (blau). Für die Partikeldeposition bei 10^{-6} mbar werden die $YBa_2Cu_3O_{7-\delta}$-Dünnschichten im ersten Fall bei 400 mbar Sauerstoff abgekühlt (Abkühlverlauf ①), im zweiten Fall in einem Gasgemisch aus 0,4 mbar O_2 + 400 mbar Argon (Abkühlverlauf ②). Die Abkühlung der Proben für die Partikeldeposition bei 10^{-3} mbar erfolgt in 0,4 mbar Sauerstoff (Abkühlverlauf ③).

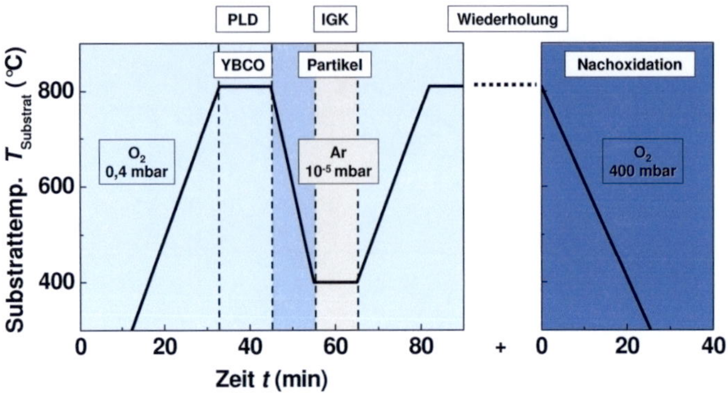

Abb. 5.4: Druck und Temperatur am Substrat während der Multilagenherstellung mit dem Abkühlverlauf ②. Exemplarische Darstellung für die erste Zwischenlage und die abschließende Nachoxidation.

Ablauf der Multilagenherstellung

Die Abscheidung der YBCO-Dünnschichten erfolgt nach dem in Kapitel 2.2.1 beschriebenen Verfahren der On-axis-PLD.[8] Nach der Abkühlung des Substrates wird die Depositionskammer auf 10^{-6} mbar (Abkühlverlauf ① oder ② in Abbildung 5.3) oder 10^{-3} mbar (Abkühlverlauf ③) evakuiert. Anschließend findet die Partikeldeposition nach dem in Kapitel 3.1 beschriebenen Verfahren der Inertgaskondensation statt. In Abbildung 5.4 ist der Druck-Temperatur-Verlauf der Probe während der Multilagenherstellung mit dem Abkühlverlauf ② exemplarisch für die erste Zwischenlage dargestellt. Da der Substratheizer nicht aktiv gekühlt werden kann, dauert die Abkühlung der YBCO-Schichten von 810 °C auf 400 °C ca. 10 min. Die Geschwindigkeit der Erwärmung der YBCO-Schichten vor der PLD ist mit dem verwendeten Regelkreis auf 25 K/min begrenzt.

Die Multilagenherstellung erfolgt durch Wiederholung der dargestellten Sequenz. Nach der letzten YBCO-Lage wird die gesamte Probe mit 10 K/min in 400 mbar Sauerstoff abgekühlt, um die Ausbildung der orthorhombischen $YBa_2Cu_3O_{7-\delta}$-Phase und eine ausreichende Beladung der YBCO-Elementarzelle mit Sauerstoff zu erreichen (siehe Kapitel 2.2.1). Die Partikelreferenzprobe einer Quasi-Multilage wurde in der Regel nach der Hälfte der Partikellagen angefertigt.

[8]Als PLD-Targetmaterial werden gesinterte stöchiometrische $YBa_2Cu_3O_{7-\delta}$-Targets der Firma *Adelwitz Technologiezentrum GmbH (ATZ)* verwendet.

Prozessdauer

Infolge der wiederholten Abkühlung und Erwärmung der Probe bei der Multilagenherstellung sind die Präparationszeiten für die Abkühlverläufe ① und ② vergleichsweise lang. Die Depositionszeit für eine Probe mit zehn Zwischenlagen beträgt etwa 8 h + Abkühlzeit. Die Konsequenzen dieser langen Präparationszeit für das Schichtwachstum und die Partikelintegration werden in Kapitel 6 diskutiert. Da die PLD-Sputter-Anlage in der derzeitigen Ausführung nicht vollständig automatisiert betrieben werden kann, ist die Präparation von Multilagen mit mehr als zehn Zwischenlagen mit diesen Abkühlverläufen nicht praktikabel. Aus diesem Grund war es ein Ziel der Verfahrensentwicklung, die einzelnen Prozessschritte so weit wie möglich zu beschleunigen. Neben dem Einsatz von leistungsfähigen Pumpen und hohen Heizraten ist eine Verkürzung der Präparationszeit vor allem durch eine Erhöhung der Substrattemperatur während der IGK erreichbar. Eine Partikeldeposition bei erhöhter Substrattemperatur setzt voraus, dass während der IGK der Druck in der Depositionskammer erhöht werden kann. Diese Bedingung ist im modifizierten Verfahren der Multilagenherstellung (Abbildung 5.3: Abkühlverlauf ③) realisiert. Infolge der höheren Drücke und der erhöhten Substrattemperatur während der IGK verkürzt sich die Präparationszeit/Lage auf ca. 25 min. Diese Prozessführung ermöglicht es, in einer vertretbaren Präparationszeit Proben mit 20 Zwischenlagen herzustellen.

6 $YBa_2Cu_3O_{7-\delta}$–Multilagen ohne Nanopartikel

In Kapitel 5.3 wurde ausführlich dargestellt, dass für die Herstellung von Multilagen mit Partikeln ein Kompromiss zwischen geeigneten Depositionsbedingungen für $YBa_2Cu_3O_{7-\delta}$ und Nanopartikel gefunden werden muss. Darüber hinaus muss auch die anlagentechnische und zeitliche Realisierbarkeit solcher Bedingungen berücksichtigt werden.
Die Auswirkungen der wiederholten Temperatur- und Druckänderung während der Multilagenherstellung auf das Wachstum und die Eigenschaften der $YBa_2Cu_3O_{7-\delta}$-Dünnschichten können anhand der verfügbaren Literatur nur schwer abgeschätzt werden. Aus diesem Grund wird in diesem Kapitel an Multilagen ohne Partikel gezeigt, wie sich die unterschiedlichen Verfahrenswege der Multilagenherstellung (Abbildung 5.3) auf die $YBa_2Cu_3O_{7-\delta}$-Schichteigenschaften auswirken. Dieses Vorgehen ist die Voraussetzung dafür, dass die partikelinduzierten Eigenschaftsmodifikationen in Kapitel 7 deutlich vom Einfluss der Prozessparameter während der Partikeldeposition abgegrenzt werden können.

6.1 Probenarchitekturen und Besonderheiten in der Herstellung

Es werden vier verschiedene Probenarchitekturen untersucht (Abbildung 6.1). Diese unterscheiden sich in der Anzahl der $YBa_2Cu_3O_{7-\delta}$-Lagen, bei konstanter Gesamtpulszahl pro Probe. Die Probenserien sind mit $(n \times m)$ bezeichnet, wobei n die Anzahl der $YBa_2Cu_3O_{7-\delta}$-Lagen und m die Anzahl der Pulse/Lage angibt. In den nachfolgenden Diagrammen ist zudem jeder Probenserie ein eigener Farbton zugeordnet (grau: Einfachlagen, blau: $n = 4$, orange bzw. orange/schwarz: $n = 10$, rot: $n = 20$, grün: $n = 10$ bei niedriger Laserenergie). Variationen der Symbolfarbe zeigen Unterschiede in den Herstellungsparametern der Proben an. Die einzelnen Proben werden zur besseren Übersicht in allen Diagrammen durch die gleichen Symbolfarben repräsentiert. Geschlossene Symbole stehen für Einfachlagen, offene Symbole für Multilagen.

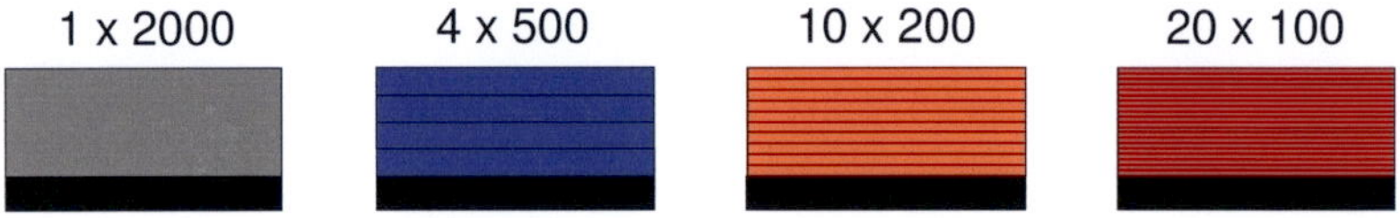

Abb. 6.1: Probenarchitekturen. Die Probenserien sind mit $(n \times m)$ bezeichnet, wobei n die Anzahl der $YBa_2Cu_3O_{7-\delta}$-Lagen und m die Anzahl der Pulse/Lage angibt.

Die Gesamtpulszahl auf das $YBa_2Cu_3O_{7-\delta}$-Target lag bei allen Proben bei 2000 Pulsen. Für die standardmäßig verwendete Energiedichte des Lasers auf dem Target von 1,6 - 1,7 J/cm^2 ergibt sich eine Depositionsrate von 1,3 ($\pm$0,05) Å/Puls und damit eine Gesamtschichtdicke von 250 nm bis 270 nm.
Davon abweichend wurde eine Probenserie mit einer niedrigeren Laserenergie von 1,2 J/cm^2 hergestellt. Diese ist mit $(n \times m)$nE gekennzeichnet. Infolge der geringeren Ablationsenergie[1] beträgt die Depositionsrate nur 1 Å/Puls. Aufgrund der unterschiedlichen Wachstumsbedingungen sind die Eigenschaften dieser Serie mit denen der anderen Multilagen nur eingeschränkt vergleichbar. Die Daten werden daher nicht mit in die Diskussion einbezogen. Da aber in Kapitel 7 die Eigenschaften von Multilagen der Niedrigenergieserie mit Nanopartikeln diskutiert werden, sind die Vergleichsdaten der entsprechenden Multilagen ohne Nanopartikel in ausgewählten Grafiken des aktuellen Kapitels mit dargestellt (grüne Symbole).

Die Multilagen wurden in der kombinierten Sputter-PLD-Anlage mit dem in Kapitel 5.3 beschriebenen sequenziellen Verfahren hergestellt. Der Prozessschritt der Partikeldeposition zwischen den $YBa_2Cu_3O_{7-\delta}$-Lagen wurde für die Herstellung der Multilagen ohne Nanopartikel simuliert. Ziel dieser Simulation ist es, den Einfluss der Prozessparameter während der Partikeldeposition auf die Eigenschaften von $YBa_2Cu_3O_{7-\delta}$ zu untersuchen, um diesen dann deutlich von partikelinduzierten Eigenschaftsmodifkationen abgrenzen zu können. Während der Simulation wird, im Unterschied zur Partikeldeposition, in der Sputterquelle kein Plasma gezündet, d. h. es werden keine Partikel synthetisiert. Die weiteren Prozessparameter (Gasstrom, Druck-Temperatur-Verlauf, Zeit) entsprechen denen einer realen Partikeldeposition.
Die Herstellungsparameter der einzelnen Proben sind in Tabelle 6.1 zusammengefasst. Für die Simulation der Partikeldeposition wurden die drei Abkühlverläufe verwendet, die in

[1] Die Ablationsschwelle für die Dünnschichtabscheidung von einem $YBa_2Cu_3O_{7-\delta}$-Target liegt bei 1 J/cm^2 [Dam95, Roa89b].

Abbildung 5.3 dargestellt sind. Die Proben der Serie (4×500) unterscheiden sich in der

Tab. 6.1: Herstellungsparameter der Einfach- und Multilagen.

Probe	**Partikelsimulation**		**Abkühlung**	
$n \times m$	**Temperatur (°C)**	**Druck (mbar)**	**Atmosphäre**	**Verlauf**
1×2000	-	-	400 mbar O_2	
1×2000 nE	-	-	400 mbar O_2	
4×500	300	10^{-6}	0,4 mbar O_2 + 400 mbar Ar	②
4×500	400	10^{-6}	400 mbar O_2	①
4×500	500	10^{-6}	400 mbar O_2	①
10×200	400	10^{-6}	0,4 mbar O_2 + 400 mbar Ar	②
10×200	650	10^{-3}	0,4 mbar O_2	③
10×200 nE	700	10^{-3}	0,4 mbar O_2	③
20×100	650	10^{-3}	0,4 mbar O_2	③

Abkühlatmosphäre und der Probentemperatur während der Simulation. Zwei der Proben wurden von 810 °C mit dem Abkühlverlauf ① auf 500 °C bzw. 400 °C abgekühlt. Die dritte (4×500)-Multilage wurde mit dem Verlauf ② auf 300 °C abgekühlt. Die beiden Proben der (10×200)-Serie unterscheiden sich in Probentemperatur und Druck in der Depositionskammer während der Simulation. Eine (10×200)-Probe wurde mit Abkühlverlauf ② auf 300 °C abgekühlt und auf 10^{-6} mbar evakuiert. Die andere (10×200)-Probe wurde in 0,4 mbar Sauerstoff auf 650 °C abgekühlt und auf 10^{-3} mbar evakuiert (Abkühlverlauf ③). Die (20×100)-Multilagen wurden ebenfalls mit Verlauf ③ abgekühlt und auf 10^{-3} mbar evakuiert.

Während der Simulation der Partikeldeposition wurden alle Proben für ca. 15 min im Argongasstrom (10 sccm) gehalten. Im Anschluss daran wurde die Probentemperatur für die PLD auf 810 °C erhöht. Dies erfolgte mit einer Heizrate von 20 K/min in 0,4 mbar Sauerstoff. Nach der letzten $YBa_2Cu_3O_{7-\delta}$-Lage wurden alle Proben in 400 mbar Sauerstoff mit 10 K/min auf Raumtemperatur abgekühlt, um eine vollständige Sauerstoffbeladung der $YBa_2Cu_3O_{7-\delta}$-Schichten zu erreichen.

6.2 Einfluss des Druck-Temperatur-Verlaufes während der Multilagenherstellung auf die Eigenschaften von $YBa_2Cu_3O_{7-\delta}$

Während der Multilagenherstellung sind die $YBa_2Cu_3O_{7-\delta}$-Dünnschichten komplexen Druck-Temperatur-Wechselzyklen ausgesetzt (siehe Abbildung 5.3 und 5.4). Die untersuchten Multilagen unterscheiden sich im Wesentlichen in der Anzahl der Zwischenlagen, der Substrattemperatur und dem Sauerstoffpartialdruck während der Abkühlung und der Partikelsimulation. In Abhängigkeit von diesen Parametern ändern sich die Herstellungsdauer (Abbildung 6.2) sowie die Temperatur und die Häufigkeit der Überschreitung der tetragonal-orthorhombischen Phasenumwandlungslinie. Wie sich diese Faktoren in der Summe auf das Eigenschaftsspektrum der Schichten auswirken, war bislang nicht bekannt.
In diesem Abschnitt wird daher anhand ausgewählter Messungen gezeigt, welche strukturellen und elektrischen Eigenschaften der Multilagen durch die Druck-Temperatur-Wechselzyklen während der Herstellung beeinflusst werden. Es werden mögliche Ursachen für die beobachteten Effekte diskutiert und die Konsequenzen für die Herstellung von Multilagen mit Nanopartikeln dargestellt.

Topographie

Die Beschaffenheit der Oberfläche der Einfach- und Multilagen wurde anhand von REM-Aufnahmen verglichen (Abbildung 6.3). Die Einfachlagen zeigen die für $YBa_2Cu_3O_{7-\delta}$ typische Oberfläche aus zusammengewachsenen Inseln und Löchern. Auf der Probenoberfläche finden sich weder Droplets noch Ausscheidungen. Das zeigt, dass die Abscheidebedingungen und die Depositionsgeometrie in der kombinierten Sputter-PLD-Anlage gut aufeinander abgestimmt sind [Kim92].
Auf der Oberfläche der Multilagen hingegen sind viele kupferreiche Ausscheidungen[2] zu erkennen. Ursache hierfür ist wahrscheinlich das wiederholte Aufheizen der Multilagen, das diffusionsgesteuerte Ausscheidungs- und Ordnungsprozesse in den Schichten begünstigt. Ein eindeutiger Zusammenhang zwischen den Präparationsbedingungen und der Größe und Verteilung der Ausscheidungen ist jedoch nicht erkennbar.

[2] EDX-Messungen im REM zeigen einen höheren Cu-Anteil in den Inseln im Vergleich zur umgebenden $YBa_2Cu_3O_{7-\delta}$-Matrix.

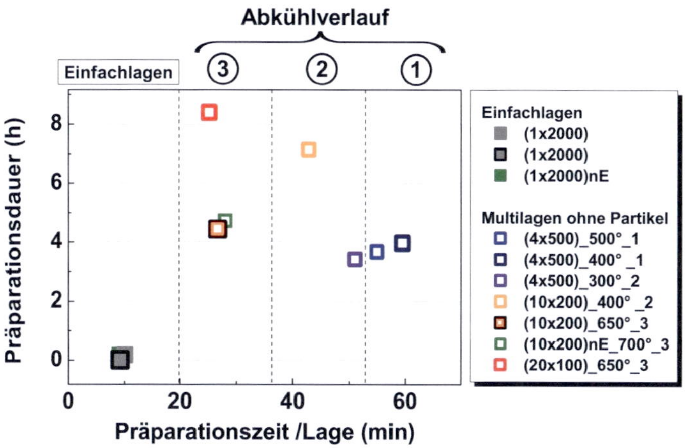

Abb. 6.2: Präparationsdauer für die Herstellung der Einfach- und Multilagen ohne die abschließende Abkühlung der Schichten auf Raumtemperatur. Die Präparationszeit ist abhängig vom Abkühlverlauf und der Anzahl der Zwischenlagen. Die kürzeste Präparationszeit/Lage wird mit dem Abkühlverlauf ③ erreicht. Die Parameter der Abkühlung sind zusätzlich zur Probenkennung in der Form $(n \times m)$_Temperatur_Abkühlverlauf angegeben. Jeder Probenserie ist ein eigener Farbton zugeordnet (grau: Einfachlagen, blau: $n = 4$, orange bzw. orange/schwarz: $n = 10$, grün: $n = 10$+niedrigeLaserenergie, rot: $n = 20$). Variationen der Symbolfarbe zeigen Unterschiede in den Herstellungsparametern der Proben an. Geschlossene Symbole stehen für Einfachlagen, offene Symbole für Multilagen.

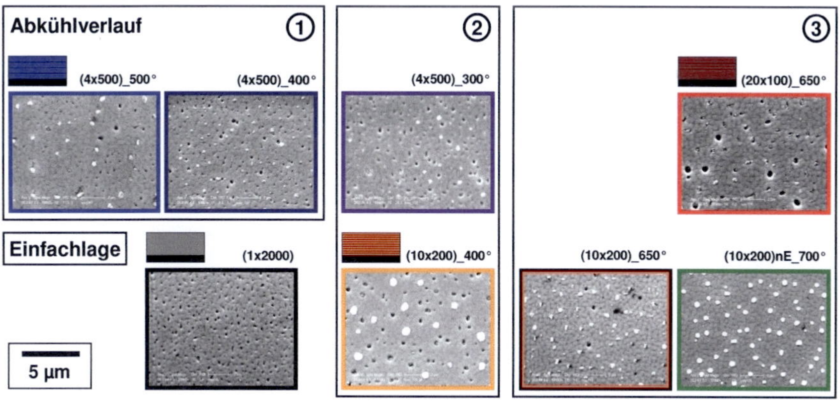

Abb. 6.3: Oberfläche der Einfachlagen und der Multilagen ohne Partikel im REM. Ein Zusammenhang zwischen Abkühlverlauf und Topographie ist nicht erkennbar.

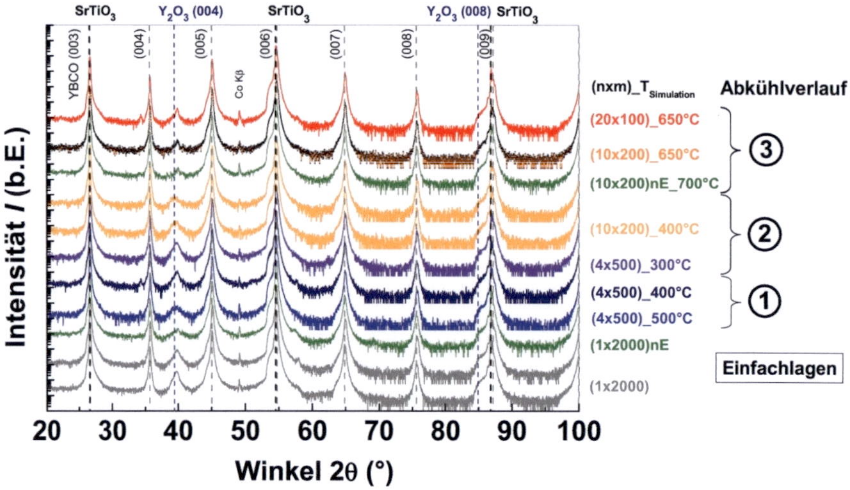

Abb. 6.4: XRD der Einfach- und Multilagen ohne Nanopartikel. Alle Dünnschichten zeigen die für epitaktisch gewachsene, c-achsenorientierte orthorhombische $YBa_2Cu_3O_{7-\delta}$-Schichten charakteristischen Reflexlagen.

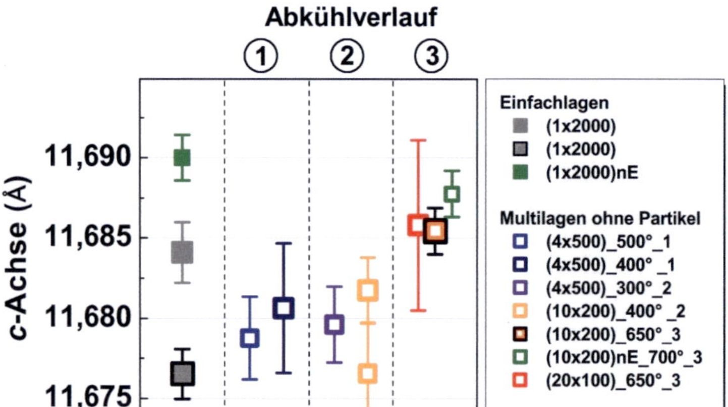

Abb. 6.5: Länge der c-Achse in Abhängigkeit vom Verlauf der Multilagenherstellung.

Epitaxie und Phasenbildung

Das Aufwachsen und die Bildung der $YBa_2Cu_3O_{7-\delta}$-Phase auf $SrTiO_3$-Einkristallen kann mit dem Verfahren der Röntgendiffraktometrie (Kapitel 4.2) überprüft werden. In epitaktisch auf (100)-orientierten $SrTiO_3$-Substraten aufgewachsenen $YBa_2Cu_3O_{7-\delta}$-Dünnschichten überlagern sich die (00l)-Reflexe von $YBa_2Cu_3O_{7-\delta}$ und die (00l)-Reflexe von $SrTiO_3$. In Abbildung 6.4 sind die Diffraktogramme verschiedener Multilagen im Vergleich zu (1×2000)-Einfachlagen dargestellt. Alle Schichten zeigen die für epitaktisch gewachsene, c-achsenorientierte orthorhombische $YBa_2Cu_3O_{7-\delta}$-Schichten charakteristischen Reflexlagen.[3] Die Länge der c-Achse der $YBa_2Cu_3O_{7-\delta}$-Elementarzelle ändert sich durch die Multilagenherstellung nicht wesentlich, sie liegt für die Einfach- und Multilagen im Bereich von 11,68 ± 0,01 Å (Abbildung 6.5).[4]
Zusätzlich tritt in allen Proben der (004)-Reflex von Y_2O_3 auf. Y_2O_3-Ausscheidungen treten auch in anderen YBCO-Dünnschichten auf, die von vergleichbaren Targets mit einem überstöchiometrischen Yttriumanteil ablatiert wurden [Rei11]. Y_2O_3 wird vorwiegend biaxial texturiert in $YBa_2Cu_3O_{7-\delta}$ eingebaut. Der Anteil an texturiert eingebautem Y_2O_3 ist in den Multilagen des Abkühlverlaufes ③ etwas geringer als in den übrigen Einfach- und Multilagen.[5]
Das vereinzelte Auftreten weiterer Reflexe bei 34,4° und 57,9° in einem Teil der untersuchten Einfach- und Multilagen deutet darauf hin, dass sich bei der Depositionstemperatur von 810 °C bereits $BaCuO_2$ oder Y_2BaCuO_5 bilden [Ham89]. Da diese Reflexe auch in den Einfachlagen auftreten, kann der Prozess der Multilagenherstellung allein nicht die einzige Ursache für die Bildung dieser zusätzlichen Phasen sein.

Die in Kapitel 5.3 beschriebenen Verfahren sind geeignet, $YBa_2Cu_3O_{7-\delta}$-Multilagen mit guten strukturellen Eigenschaften epitaktisch auf $SrTiO_3$ abzuscheiden. Es wurde kein Hinweis darauf gefunden, dass sich die Druck-Temperatur-Wechselzyklen nachteilig auf die Epitaxie und die $YBa_2Cu_3O_{7-\delta}$-Phasenbildung auswirken. Eine Abhängigkeit vom Verfahrensweg und der Anzahl der Zwischenlagen ist nicht erkennbar. Dennoch ergeben sich deutliche Veränderungen in den elektrischen Eigenschaften.

[3] $YBa_2Cu_3O_{7-\delta}$ [ICDD pdf 00-038-1433]

[4] Die Länge der c-Achse wird nach der Methode von Nelson und Riley (Kapitel 4.2) aus der Lage der Beugungsreflexe im Röntgendiffraktogramm berechnet [Spi09].

[5] Die Berechnung des Y_2O_3-Anteils erfolgt aus dem Verhältnis der Integrale des (004)-Reflexes von Y_2O_3 und des (005)-Reflexes von $YBa_2Cu_3O_{7-\delta}$. Die Reflexe wurden mit einer Pseudo-Voigt-Funktion angenähert.

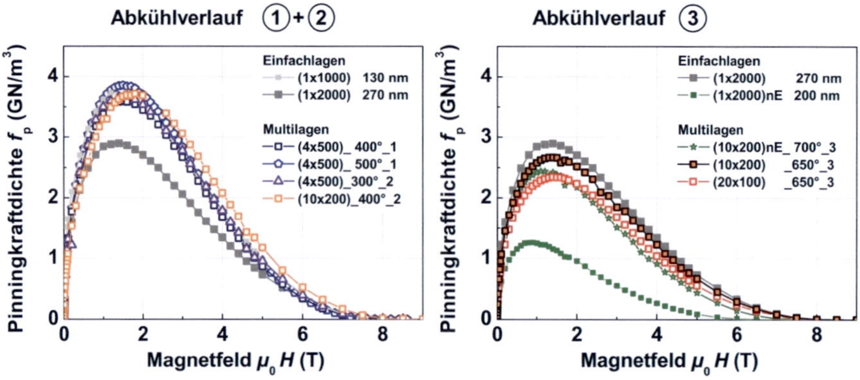

(a) (b)

Abb. 6.6: Pinningkraftdichtekurven als Funktion des Magnetfeldes $H \parallel c$ bei 77 K für Einfach- und Multilagen ohne Nanopartikel. (a) Für die Multilagen des Abkühlverlaufes ① und ② ist f_p höher als in den Einfachlagen, (b) für die Multilagen des Abkühlverlaufes ③ ist f_p niedriger.

Elektrische Eigenschaften

Die Druck-Temperatur-Wechselzyklen während der Herstellung beeinflussen die elektrischen Eigenschaften der Multilagen. Der Verlauf der kritischen Stromdichte $j_c(\mu_0 H)$ wird anhand der Abhängigkeit der Pinningkraftdichte vom Magnetfeld $f_p(\mu_0 H)$ diskutiert, da so der Unterschied zwischen den Multilagen deutlicher dargestellt werden kann. Abbildung 6.6(a) zeigt die Pinningkraftdichte der Multilagen, die mit den Abkühlverläufen ① oder ② hergestellt wurden. Die Pinningkraftdichte ist in allen Multilagen höher als in der (1×2000)-Einfachlage. Die f_p-Verläufe der Multilagen unterscheiden sich dabei kaum voneinander. Auch die unterschiedliche Zwischenlagenzahl bzw. -dicke in den Multilagen mit dem Abkühlverlauf ② hat keinen wesentlichen Einfluss auf $f_p(\mu_0 H)$. Infolge der Simulation der Partikeldeposition durch Abkühlung der Schicht (in 400 mbar O_2 oder 0,4 mbar O_2 + 400 mbar Ar) auf Temperaturen $\leq$ 500 °C wird demnach die Pinngkraftdichte unabhängig von Substrattemperatur, Abkühlatmosphäre und Anzahl der Zwischenlagen erhöht.
Demgegenüber kommt es zu einem geringfügigen Abfall der Pinningkraftdichte unter die Werte der Einfachschicht, wenn die Simulation der Partikeldeposition bei 650 °C und 10^{-3} mbar stattfindet (Abbildung 6.6(b): Abkühlverlauf ③, Probe (10×200)_650°). Bei der Multilage (20×100)_650° mit zwanzig Zwischenlagen ist f_p noch weiter reduziert.
Die maximale Pinningkraftdichte der untersuchten Proben bei 77 K fällt mit steigender kritischer Temperatur T_c nahezu linear (Abbildung 6.7(a)). Somit ist die dargestellte Änderung

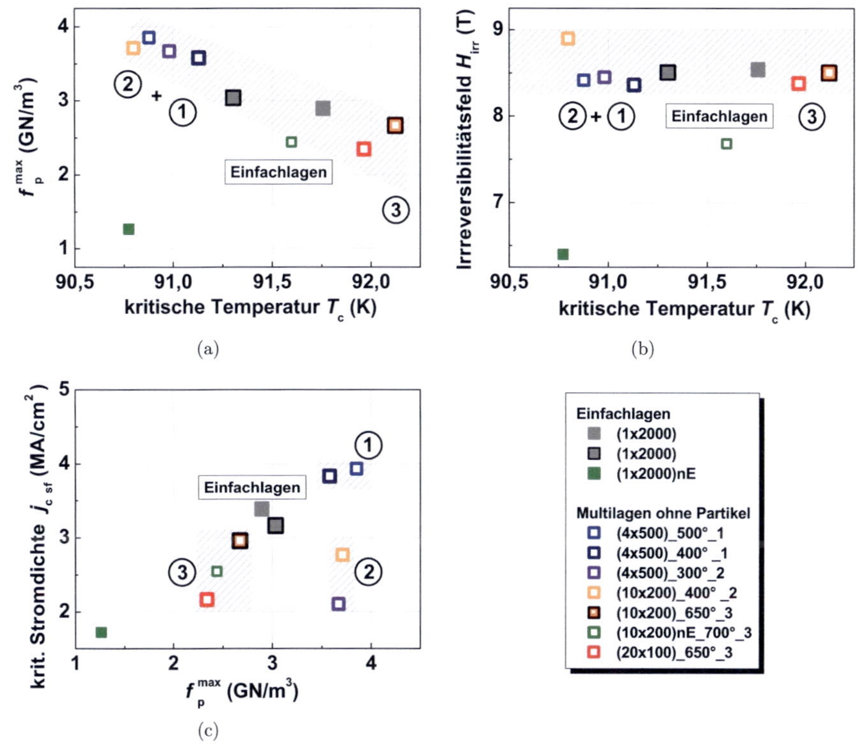

Abb. 6.7: Abhängigkeit der maximalen Pinningkraftdichte f_p^{max} (a) und des Irreversibilitätsfeldes (b) bei 77 K von der kritischen Temperatur T_c. (c) Kritische Stromdichte im Eigenfeld $j_{c\ sf}$ als Funktion der maximalen Pinningkraftdichte f_p^{max} für die verschiedenen Abkühlverläufe.

von f_p^{max} in den Multilagen gegenüber der Einfachlage nicht auf einen T/T_c-Effekt zurückzuführen, bei dem f_p^{max} aufgrund wachsender Differenz zwischen Messtemperatur und T_c ansteigt. Abbildung 6.7(b) zeigt, dass sich das Irreversibilitätsfeld der Multilagen bei 77 K nur wenig von dem der Einfachlagen unterscheidet.

In den Multilagen der Abkühlverläufe ① und ③ ist der Unterschied in f_p^{max} im Vergleich zur Einfachlage mit einer Verschiebung der kritischen Stromdichte im Eigenfeld $j_{c\ sf}$ (Abbildung 6.7(c)) zu höheren bzw. niedrigeren Werten verbunden. Die Multilagen mit niedrigeren f_p^{max} (Abkühlverlauf ③) haben auch ein niedrigeres $j_{c\ sf}$ als die Einfachlagen. Bei Multilagen des Abkühlverlaufes ② hingegen wird trotz niedrigerer $j_{c\ sf}$ ein höheres f_p^{max} als in den Einfachlagen gemessen.

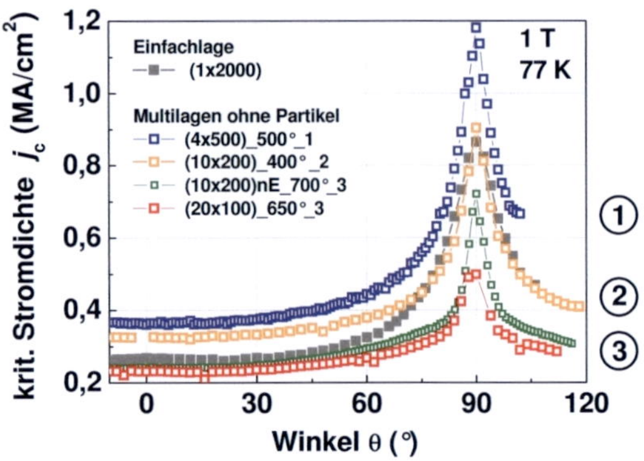

Abb. 6.8: Abhängigkeit der kritischen Stromdichte der Multilagen ohne Nanopartikel von der Richtung des angelegten Magnetfeldes bei $\mu_0 H = 1$ T.

Der Verlauf der $j_c(\theta)$-Kurven der $YBa_2Cu_3O_{7-\delta}$-Multilagen entspricht für alle drei Abkühlverläufe qualitativ dem einer Einfachlage (Abbildung 6.8). In den Multilagen des Abkühlverlaufes ① wird für alle Feldrichtungen (auch H parallel zur ab-Ebene) eine Erhöhung von $j_c(\mu_0 H)$ beobachtet. Gleiches gilt für die Absenkung von $j_c(\mu_0 H)$ im Abkühlverlauf ③. Die Abhängigkeit der kritischen Stromdichte von der Richtung des angelegten magnetischen Feldes kann ein Indikator für die Orientierung der Pinningzentren im $YBa_2Cu_3O_{7-\delta}$ sein. Die Pinningzentren, die durch die Druck-Temperatur-Wechselzyklen während der Herstellung der Multilagen zusätzlich ins $YBa_2Cu_3O_{7-\delta}$ eingebracht wurden, wirken demnach in Form und Verteilung im wesentlichen isotrop.

6.3 Diskussion möglicher Ursachen der beobachteten Eigenschaftsänderungen

Der Verlauf der Temperatur-Druck-Wechselzyklen beeinflusst die elektrischen Eigenschaften der Multilagen in komplexer Weise. Die größten Unterschiede zeigen sich im Vergleich der Abkühlverläufe ①+② mit dem Abkühlverlauf ③. Das legt nahe, dass die Überschreitung der tetragonal-orthorhombischen Phasenumwandlungslinie und die Probentemperatur während der Simulation der Partikeldeposition einen stärkeren Einfluss auf die $YBa_2Cu_3O_{7-\delta}$-Eigenschaften haben als der Sauerstoffpartialdruck während der Abkühlung oder die Variation der Probentemperatur in den Abkühlverläufen ① und ②.
Den Unterschieden in den elektrischen Eigenschaften kann eine Vielzahl von Effekten zugrunde liegen, die mit dem vorliegenden Datensatz nicht klar voneinander abgegrenzt werden können. Es werden daher im Folgenden zwei mögliche Szenarien diskutiert, die die beobachteten Abhängigkeiten der elektrischen Eigenschaften vom Verlauf der Multilagenherstellung erklären könnten.

Die kritische Temperatur aller Proben ist mit $T_c \geq 90{,}5$ K für $YBa_2Cu_3O_{7-\delta}$-Dünnschichten vergleichsweise hoch. Dies ist ein Anzeichen für eine nahezu optimale Sauerstoffbeladung [Tal95] und gute Kristallinität aller Schichten. Die Ursache für den in Abbildung 6.7(a) dargestellten T_c-Unterschied zwischen den Multilagen der Abkühlverläufe ①+② und ③ kann sowohl eine unterschiedliche Ladungsträgerdichte als auch eine veränderte Defektlandschaft in den Multilagen sein.

Ladungsträgerdichte

Die kritische Temperatur T_c ist von der Ladungsträgerdichte p im $YBa_2Cu_3O_{7-\delta}$ (bzw. der Lochdichte in den CuO_2-Ebenen) abhängig. Dieser Zusammenhang wird nach Tallon *et al.* [Tal95] über eine universelle parabolische Gleichung beschrieben:

$$\frac{T_c}{T_c^{\max}} = 1 - 82,6 * (p - 0,16)^2 \tag{6.1}$$

In diesem Modell steigt T_c mit zunehmender Lochkonzentration p an, durchläuft ein Maximum und fällt dann wieder ab. Oberhalb dieses T_c-Maximums spricht man von einer Überdotierung mit Ladungsträgern. Ursache einer Überdotierung kann eine hohe Sauerstoffkonzentration[6] in den Schichten sein [Str04, Hän07], es kommen aber auch eine Änderung

[6]Der Sauerstoffgehalt der Multilagen kann nicht aus der Länge der c-Achse abgeleitet werden [Ye93], da sich Gitterdefekte sowie Änderung von Stöchiometrie und Position der Kationen in der Elementarzelle ebenfalls auf die c-Achsenlänge auswirken.

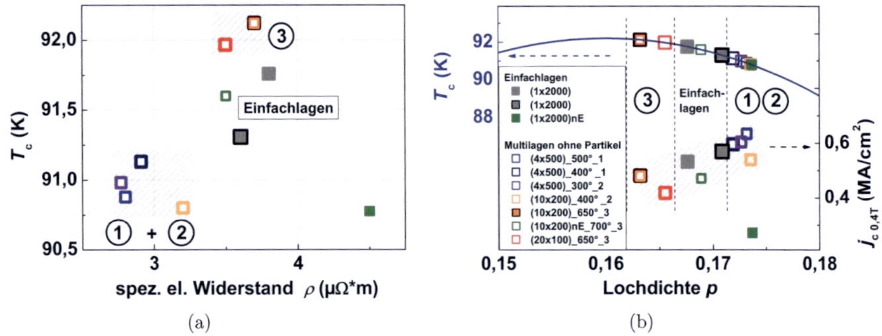

Abb. 6.9: (a) Kritische Temperatur T_c als Funktion des spezifischen elektrischen Widerstandes ρ bei Raumtemperatur. (b) Darstellung von j_c und T_c in Abhängigkeit von der angenommenen Ladungsträgerdichte p. Die Berechnung der Lochdichte erfolgt aus der kritischen Temperatur T_c mit Gleichung 6.1 (blaue Kurve). Die Einordnung der Proben in den überdotierten Bereich basiert auf dem Zusammenhang zwischen T_c und ρ.

der Sauerstoffanordnung, Platzwechsel zwischen Yttrium- und Bariumkationen [Mat91], teilweise Substitution von Y^{3+} durch Ca^{2+} [Man00] und andere stöchiometrische Abweichungen in Frage. Diese Faktoren werden unter anderem vom Sauerstoffpartialdruck und der Substrattemperatur während der Schichtabscheidung beeinflusst [MD94, San01, Hol07]. Für die Sauerstoffbeladung der YBCO-Dünnschichten ist die abschließende isobare Abkühlung bei erhöhten Sauerstoffpartialdrücken [Kwo91] ausschlaggebend. Alle Proben wurden nach der letzten $YBa_2Cu_3O_{7-\delta}$-Lage unter den gleichen Bedingungen in 400 mbar Sauerstoff auf Raumtemperatur abgekühlt. Eine unterschiedliche Sauerstoffkonzentration in den Schichten wäre somit nur erklärbar, wenn die verschiedenen Druck-Temperatur-Wechselzyklen während der Multilagenherstellung zu strukturellen Veränderungen im $YBa_2Cu_3O_{7-\delta}$ führten, die die Sauerstoffdiffusion beeinflussen. Hierfür kommen vor allem Grenzflächen parallel zur c-Achse, wie Mikrorisse und Korngrenzen in Frage. Die Diffusion von Sauerstoff in einkristallinem $YBa_2Cu_3O_{7-\delta}$ ist zwar entlang der ab-Ebenen deutlich schneller als parallel zur c-Achse. [Rot91] Allerdings wirken in dünnen Schichten vor allem Kleinwinkelkorngrenzen parallel zur c-Achse als sehr schnelle Sauerstoffdiffusionspfade. [Kit98]

Ein Hinweis auf eine erhöhte Ladungsträgerkonzentration in den YBCO-Dünnschichten ist eine Reduktion des spezifischen elektrischen Widerstands ρ der Schichten bei Raumtemperatur [Fee92, Car93]. Abbildung 6.9(a) zeigt, dass der spezifische Raumtemperatur-

widerstand ρ und die kritische Temperatur der Multilagen mit den Abkühlverläufen ① und ② deutlich niedriger sind als in den (1×2000)-Einfachschichten.
Nimmt man an, dass durch die Unterschiede zwischen den Abkühlverläufen ①, ② und ③ nur die Lochdichte p in den CuO_2-Ebenen modifiziert wird, dann kann man aus der Änderung von T_c, ρ (Abbildung 6.9(a)) und $j_c(\mu_0 H)$ ableiten, dass sich alle Proben im Bereich der Loch-Überdotierung befinden. Dieser Zusammenhang ist in Abbildung 6.9(b) dargestellt. Multilagen des Abkühlverlaufes ③ hätten eine Lochdichte p in der Nähe von T_c^{max}. Die Einfachlage sowie die Multilagen der Abkühlverläufe ① und ② hätten eine größere Ladungsträgerdichte, d. h. ein kleineres T_c und einen geringeren spezifischen elektrischen Widerstand ρ.
Die kritische Stromdichte in kleinen Magnetfeldern durchläuft mit steigender Ladungsträgerdichte p ebenfalls ein Maximum. Dieses liegt im Bereich der Überdotierung $(p(j_c^{max}) > p(T_c^{max}))$. [Str04, Hän07]

Defektlandschaft

Eine andere Ursache für die Änderung der kritischen Temperatur T_c ist eine Veränderung in der Defektlandschaft. T_c sinkt in der Regel mit zunehmender Defektdichte, weil die Defekte die Ordnung des Kristallgitters stören und die Dichte freier Ladungsträger reduzieren.
Trägt man die normierte Pinningkraftdichte f_p/f_p^{max} über dem reduzierten Magnetfeld $h = H/H_{irr}$ auf (Abbildung 6.10), so fallen die Pinningkraftdichtekurven aller Proben zusammen. Das Maximum von f_p/f_p^{max} liegt bei $h \approx 0{,}17$. Die Näherung der normierten Pinningkraftdichtekurven mit dem Skalierungsgesetz von Kramer (Gleichung 2.7) ergibt für die Exponenten $p \approx 0{,}5$ und $q \approx 3$ (Abbildung 6.10). Ein vergleichbarer Kurvenverlauf mit $q = 3$ wurde in $YBa_2Cu_3O_{7-\delta}$-Dünnschichten mit strahleninduzierten diskontinuierlichen, clusterartigen Defekten [Pro94] und $YBa_2Cu_3O_7/PrBa_2Cu_3O_{7-\delta}$-Multilagen [Sun96] beobachtet. Der Exponent q beschreibt die Steifigkeit des Flussliniengitters. $YBa_2Cu_3O_{7-\delta}$-Dünnschichten sind häufig mit $q = 2$ skalierbar [Pro94, Zue08]. In diesem Fall dominiert die Verschiebung (*shear modulus* C_{66}) des Flussliniengitters die Pinningkraftdichte. Der Exponent $q = 3$ wird mit einem zusätzlichen Pinningbeitrag durch die Verkippung (*tilt modulus* C_{44}) des Flussliniengitters erklärt [Kra73, DH74, Pro94].
Ein ähnlicher Verlauf der normierten Pinningkraftdichtekurven ist ein Hinweis darauf, dass in den Proben der gleiche Pinningmechanismus vorherrschend ist. [DH74] Daraus folgt, dass die in Abbildung 6.6 dargestellten Unterschiede in f_p auf eine unterschiedliche Defektdichte in den Multilagen zurückzuführen sind.

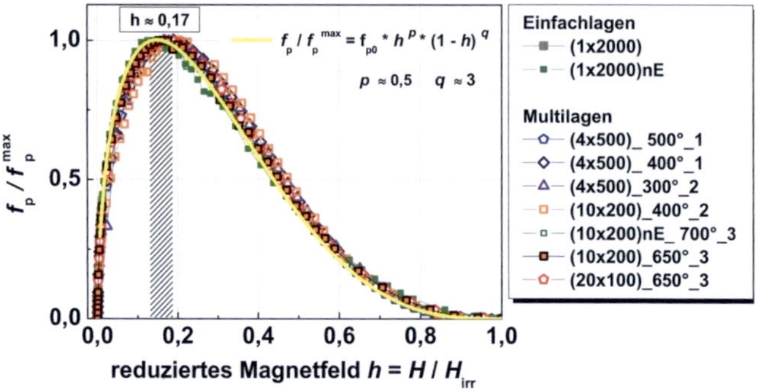

Abb. 6.10: Normierte Pinningkraftdichte $f_\mathrm{p}/f_\mathrm{p}{}^{\mathrm{max}}$ als Funktion des reduzierten Magnetfeldes $h{=}H/H_{\mathrm{irr}}$. Die normierten Pinningkraftdichtekurven aller Dünnschichten fallen zusammen. Das Maximum von $f_\mathrm{p}/f_\mathrm{p}{}^{\mathrm{max}}$ liegt ungefähr bei $h = 0{,}17$.

Um welche Defekte es sich dabei handelt, ist nicht eindeutig zu klären. Nach Dew-Hughes *et al.* [DH74] weist bei $q = 2$ ein Maximum von $f_\mathrm{p}/f_\mathrm{p}{}^{\mathrm{max}}$ bei $h = 0{,}2$ auf Pinning (*normal core pinning*) an zwei-dimensionalen Pinningzentren hin.[7]

Wenn der Unterschied in der Pinningkraftdichte ausschließlich die Folge einer unterschiedlichen Defektdichte ist, dann haben die Multilagen der Abkühlverläufe ① und ② eine höhere und die Multilagen des Abkühlverlaufes ③ eine etwas geringere Defektdichte als die Einfachlagen (Abbildung 6.6).
Die Defektlandschaft und -dichte in $YBa_2Cu_3O_{7-\delta}$-Dünnschichten wird während der Abscheidung vom Sauerstoffpartialdruck und von der Substrattemperatur bestimmt [Fel07, Fol09]. Diese initiale Defektdichte kann im Anschluss an die Deposition durch erneutes Erwärmen und Halten bei hohen Temperaturen teilweise reduziert werden [Hui02][8].
Es ist also möglich, dass die Defektdichte in den Multilagen durch die Druck-Temperatur-Wechselzyklen verändert wird. Eine Ursache für eine erhöhte Defektdichte in den Multilagen könnten die wiederholten orthorhombisch-tetragonal-orthorhombischen Phasenübergänge sein, denen die Schichten der Abkühlverläufe ① und ② ausgesetzt sind.

[7] Zu den zwei-dimensionalen Pinningzentren zählen unter anderem Korn- und Zwillingsgrenzen, Antiphasengrenzen, Stapelfehler, Versetzungsnetzwerke, plattenförmige Ausscheidungen und Oberflächen.

[8] Huijbregtse *et al.* [Hui02] haben gezeigt, dass die Defektdichte in $YBa_2Cu_3O_{7-\delta}$-Dünnschichten mit hoher initialer Versetzungsdichte sinkt, wenn diese in einer sauerstoffarmen Atmosphäre bei Temperaturen oberhalb des orthorhombisch-tetragonalen Übergangs 30 min ausgelagert und anschließend in einer sauerstoffreichen Atmosphäre abgekühlt werden. Als Ursache für den Anstieg von j_c sowie die Abnahme von T_c und ρ bei dieser kleineren Versetzungsdichte wird eine Kombination aus erhöhter Ladungsträgerdichte und verbesserter Kristallinität vermutet.

Dem Prozess der Defektbildung kann das Ausheilen von Defekten entgegenwirken. Dieser diffusionsabhängige Prozess wird durch die langen Präparationszeiten der Multilagen und/oder die hohen Temperaturen während der Simulation der Partikeldeposition gefördert. Diese Defektausheilung wäre eine Erklärung dafür, dass die Anzahl der Zwischenlagen im Abkühlverlauf ② keinen Einfluss auf f_p^{max} hat (Abbildung 6.6 (a): Multilagen (10×200)_400°_2 und (4×500)_300°_2). Ein verstärktes Ausheilen von pinnenden Defekten bei hohen Temperaturen würde auch erklären, weshalb f_p^{max} für die Multilagen des Abkühlverlaufes ③ mit zunehmender Präparationszeit abnimmt, obwohl die Zahl der Zwischenlagen verdoppelt wurde (Abbildung 6.2: Multilagen (10×200)_650°_3 und (20×100)_650°_3).

Eine andere mögliche Quelle für zusätzliche Defekte in den Multilagen liefern die Grenzflächen zwischen den einzelnen $YBa_2Cu_3O_{7-\delta}$-Lagen. Es ist wahrscheinlich, dass es durch die Druck- und Temperaturänderung während der Simulation der Partikelabscheidung an der $YBa_2Cu_3O_{7-\delta}$-Oberfläche zu Ausscheidungs- und Relaxationsprozessen kommt, die das Aufwachsen der nachfolgenden $YBa_2Cu_3O_{7-\delta}$-Lage beeinflussen.
Wie sich die wiederholten Druck-Temperatur-Wechselzyklen auf die Grenzflächen zwischen den $YBa_2Cu_3O_{7-\delta}$-Lagen auswirken, wurde nicht im Detail untersucht. In TEM-Aufnahmen sind diese inneren Grenzflächen deutlich zu erkennen (siehe Abbildung 7.17 in Kapitel 7.3). Bei den beobachteten Kontrastunterschieden an den inneren Grenzflächen könnte es sich um planare Y_2O_3-Ausscheidungen [Fel10], $YBa_2Cu_4O_x$-Ausscheidungen [Fel07], zusätzliche CuO_2-Ebenen oder andere Stapelfehler handeln. Da die Abkühlung und das Halten der Proben in den Abkühlverläufen ①+② und ③ bei verschiedenen Temperaturen und Drücken erfolgt, kann auch die Gestalt dieser inneren Grenzflächen abhängig vom Abkühlverlauf variieren.
Als Folge zusätzlicher innerer Grenzflächen könnte, ähnlich wie zwischen den Schichten in heteroepitaktischen Multilagen, die Dichte von Anpassungsversetzungen zwischen den $YBa_2Cu_3O_{7-\delta}$-Lagen erhöht sein.[9] Ein dichtes Netzwerk von Anpassungsversetzungen an Grenzflächen [Fol07] wird als eine wichtige Ursache für die Erhöhung von $j_{c\ sf}$ und j_c in dünnen Schichten und heteroepitaktischen Multilagen angesehen [Wan06, Fol09]. Dies könnte eine Erklärung für die in Abkühlverlauf ① beobachtete Erhöhung von $j_{c\ sf}$ sein (Abbildung 6.7(c)).
Die Erhöhung von j_c durch Grenzflächendefekte wird von Foltyn *et al.* [Fol09] zudem als feldrichtungsunabhängig beschrieben. Dies trifft auch auf die $YBa_2Cu_3O_{7-\delta}$-Multilagen in

[9] Für YBCO-Dünnschichten auf $NdGaO_3$-Substraten wurde gezeigt, dass die Dichte von Anpassungsversetzungen an der Grenzfläche von der Depositionstemperatur abhängig ist. [Fol09]

Abbildung 6.8 zu.[10] Diese Erhöhung von $j_c(\mu_0 H)$ für alle Feldrichtungen wird damit erklärt, dass die Anpassungsversetzungen an der Grenzfläche ein orthogonales Netzwerk bilden, dessen Komponenten sowohl parallel a-b als auch in Richtung der c-Achse als Pinningzentren wirken [Fol09][11].
Zusammenfassend ist ein Szenario wahrscheinlich, in dem eine Überlagerung beider Effekte, veränderte Ladungsträgerdichte und modifizierte Defektlandschaft, zu der beschriebenen Abhängigkeit der elektrischen Eigenschaften vom Verlauf der Multilagenherstellung führt.

Fazit

Mit den in Kapitel 5.3 beschriebenen Verfahren können $YBa_2Cu_3O_{7-\delta}$-Multilagensysteme mit guten supraleitenden und strukturellen Eigenschaften hergestellt werden. Die für die Simulation der Partikeldeposition gewählten Prozessparameter, insbesondere die Schichttemperatur und der wiederholte Übergang zwischen orthorhombischer und tetragonaler YBCO-Phase (d. h. der Abkühlverlauf), beeinflussen jedoch die Eigenschaften der $YBa_2Cu_3O_{7-\delta}$-Schichten in komplexer Weise. Innerhalb eines Abkühlverlaufes ist das Eigenschaftsspektrum der $YBa_2Cu_3O_{7-\delta}$-Multilagen ohne Partikel konsistent und konstant. Zwischen den Abkühlverläufen zeigen sich vor allem in den elektrischen Eigenschaften der Multilagen deutliche Unterschiede. Diese sind wahrscheinlich das Ergebnis einer durch den Abkühlverlauf modifizierten Defektlandschaft und einer veränderten Ladungsträgerdichte in den Multilagen. Als Konsequenz aus diesen komplexen Abhängigkeiten kann der Einfluss von Nanopartikeln in Multilagen nur im Vergleich zu solchen Referenzschichten bewertet werden, die auf dem gleichen Verfahrensweg (ohne Nanopartikel) hergestellt wurden.

[10] Die Erhöhung von $j_c(\mu_0 H)$ in den Multilagen des Abkühlverlaufes ① wird für alle Feldrichtungen (auch H parallel zur ab-Eben) beobachtet. Gleiches gilt für die Absenkung von $j_c(\mu_0 H)$ im Abkühlverlauf ③.

[11] Foltyn *et al.* [Fol09] weisen darauf hin, dass in der Nähe der Grenzfläche auch die Kationenaustauschrate erhöht ist. Der Austausch von Kationen führt zu Punktdefekten und sie umgebende Spannungsfelder, die als Pinningzentren wirken können. Obwohl der Kationenaustausch mittels Raman-Spektroskopie gemessen werden kann, gibt es bisher keine quantitative Korrelation zwischen Kationenaustausch und Erhöhung der Pinningkraftdichte [Fol07]. Inwieweit Anpassungsversetzungen und Kationenposition an der Grenzfläche miteinander verknüpft sind, ist ebenfalls unklar [Fol09].

7 Multilagen aus $YBa_2Cu_3O_{7-\delta}$-Dünnschichten und Nanopartikeln

In diesem Kapitel werden die wesentlichen Eigenschaften von $YBa_2Cu_3O_{7-\delta}$-Multilagen mit HfO_2- und FePt-Partikeln dargestellt. Die Synthese von Nanopartikeln mittels Inertgaskondensation (IGK) hat gegenüber der Erzeugung von Partikellagen mittels PLD den Vorteil, dass Durchmesser und Anzahl der IGK-Partikel unabhängig voneinander eingestellt werden können. Die Herstellung der Multilagen mit gasphasenkondensierten Partikeln erfolgte parallel zur Entwicklung der in Kapitel 5.3 und 6 beschriebenen Verfahrenswege. Die im Folgenden dargestellten Ergebnisse beruhen daher auf einem begrenzten Datensatz, aus dem nur vereinzelt globale Aussagen zur Abhängigkeit der supraleitenden Eigenschaften von Partikelgröße und -dichte gezogen werden können. Vielmehr werden praktikable Verfahrenswege zur Herstellung von Multilagen mit gasphasenkondensierten Nanopartikeln etabliert. Des Weiteren wird aufgezeigt, welche Prozessbedingungen die supraleitenden Eigenschaften der Multilagen beeinflussen können.

Die gefundenen Partikel- und Prozessparameter stellen den Ausgangspunkt für eine systematische Variation von Durchmesser und Belegdichte der eingebrachten IGK-Partikel dar. Voraussetzung für eine derartige Variation ist, dass für das zu untersuchende Material Partikel mit vordefinierten Eigenschaften gezielt und wiederholt hergestellt werden können. Nur wo dies gelingt, ist es möglich, die Korrelation zwischen definierten Partikeleigenschaften und dem Verhalten der supraleitenden Schicht systematisch darzustellen.

7.1 Architektur und Herstellung der Multilagen mit IGK-Nanopartikeln

Der Aufbau der Multilagen entspricht den in Kapitel 6 (Abbildung 6.1) vorgestellten Architekturen. Abbildung 7.1 liefert einen Überblick über die Multilagen mit Nanopartikeln,

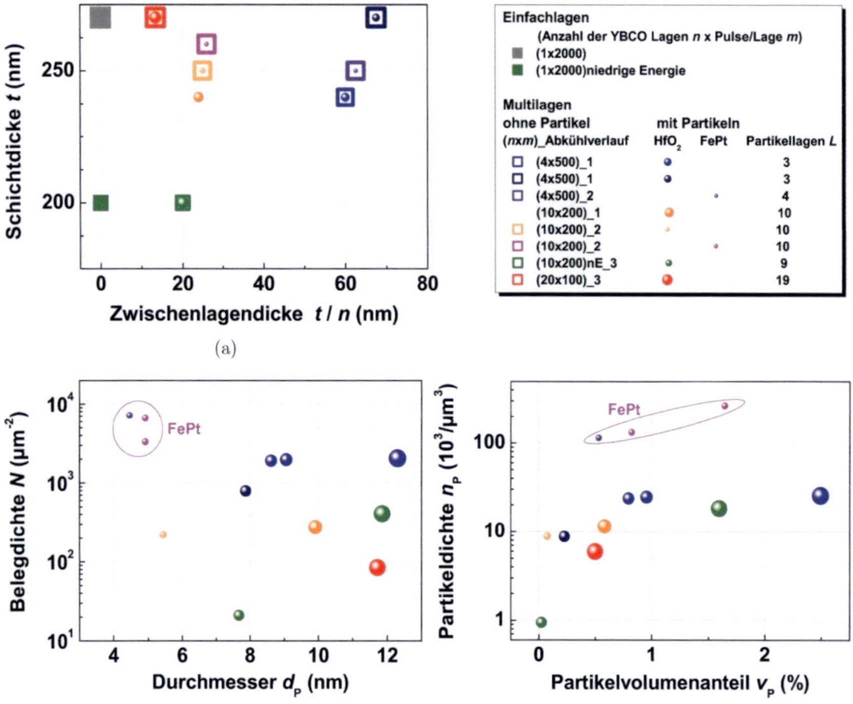

Abb. 7.1: Übersicht der Multilagen mit HfO_2- oder FePt-Partikeln und ihrer Referenzmultilagen. Rechteckige geschlossene Symbole stehen für die Einfachlagen, offene Symbole für Multilagen ohne Nanopartikel. Die Größe der rechteckigen Symbole veranschaulicht die Schichtdicke. Die sphärischen Symbole repräsentieren die Multilagen mit Nanopartikeln. Die Größe der Symbole repräsentiert den Partikeldurchmesser. Die Multilagen mit Partikeln und ihre Referenzmultilagen ohne Partikel haben jeweils die gleiche Farbe. In den Multilagen mit Partikellagenzahl $L = YBa_2Cu_3O_{7-\delta}$-Lagenzahl n wurden vor der ersten $YBa_2Cu_3O_{7-\delta}$-Lage Partikel auf dem Substrat deponiert. In den Multilagen mit $L = n$-1 ist die erste Lage auf dem Substrat YBCO. (a) Schichtdicke t und Zwischenlagendicke t/n, (b) Größe d_P und Belegdichte N der Partikel und (c) Partikelvolumenanteil v_P und Partikeldichte n_P der Multilagen.

ihre jeweiligen Referenzmultilagen ohne Partikel, den verwendeten Abkühlverlauf und die Partikeleigenschaften. Die hier für die einzelnen Multilagen eingeführten Symbole und Farben werden in den meisten nachfolgenden Diagrammen beibehalten, um die Zuordnung der Proben zu den jeweiligen Prozessparametern zu vereinfachen. Die erste Partikellage liegt in einem Teil der Multilagen direkt auf dem $SrTiO_3$-Substrat (Anzahl der Partikellagen L = Anzahl der $YBa_2Cu_3O_{7-\delta}$-Lagen n). In den übrigen Multilagen mit $L = n$-1 ist die erste Lage auf dem Substrat YBCO. Die Herstellung von Multilagen mit Nanopartikeln wurde mit allen drei in Kapitel 5.3 vorgestellten Verfahrenswegen untersucht.
Die verwendeten HfO_2-Partikel haben einen mittleren Durchmesser zwischen d_P = 5 nm und 12 nm. Der Durchmesser der FePt-Partikel beträgt d_P = 4,5 - 5 nm. Die Belegdichte einer Partikellage N wird mittels IGK unabhängig vom Durchmesser variiert (Abbildung 7.1 (b)).[1] Es wurden Belegdichten zwischen 20 und 6600 Partikeln $\mu\mathrm{m}^{-2}$ eingestellt. Die Anzahl der Partikel bezogen auf das Probenvolumen wird durch die Partikeldichte n_P charakterisiert (Gleichung 7.1), t bezeichnet die Gesamtschichtdicke. Der Partikelvolumenanteil v_P (Gleichung 7.2) gibt materialunabhängig das Volumen der eingebrachten Partikel im Verhältnis zum Volumen der $YBa_2Cu_3O_{7-\delta}$-Schicht an (Abbildung 7.1 (c)).

$$\text{Partikeldichte}: n_\mathrm{P} = \frac{N * L}{t} \tag{7.1}$$

$$\text{Partikelvolumenanteil}: v_\mathrm{P} = \frac{\pi {d_P}^3}{6} * n_\mathrm{P} \tag{7.2}$$

Für HfO_2-Partikel entspricht ein Partikelvolumenanteil von v_P = 1 % einem Anteil von 4,8 mol% HfO_2 in der $YBa_2Cu_3O_{7-\delta}$-Schicht. Im Falle einer vollständigen Umsetzung der HfO_2–Partikel zu $BaHfO_3$ ergibt sich daraus ein Volumenanteil von 2 % $BaHfO_3$ in der $YBa_2Cu_3O_{7-\delta}$-Multilage. In Multilagen mit FePt-Partikeln entspricht ein Partikelvolumenanteil von v_P = 1 % etwa 6 mol% FePt bezüglich $YBa_2Cu_3O_{7-\delta}$.

[1] Der Partikeldurchmesser d_P und die Belegdiche N werden anhand von TEM-Aufnahmen der Partikel auf kohlenstoffbeschichteten Kupfernetzchen ermittelt (siehe Kapitel 4.3.2).

7.2 Multilagen mit Hafniumoxidpartikeln

7.2.1 Einbau der HfO_2-Partikel in die $YBa_2Cu_3O_{7-\delta}$-Matrix

Struktur und Phasenbildung

Abbildung 7.2 zeigt Röntgendiffraktogramme der Multilagen mit HfO_2-Nanopartikeln. Es treten in allen Multilagen die für epitaktisch auf STO abgeschiedenes $YBa_2Cu_3O_{7-\delta}$ typischen $(00l)$-Reflexlagen auf. Die aus den Beugungsmessungen ermittelte c-Achsenlängen zeigen die gleiche herstellungsbedingte Schwankung wie die Multilagen ohne Partikel (Abbildung 6.5). Eine Veränderung der Länge der c-Achse von $YBa_2Cu_3O_{7-\delta}$ durch die Partikeleinbringung ist somit nicht nachweisbar.

Die Hafniumoxid-Partikel reagieren während der $YBa_2Cu_3O_{7-\delta}$-Deposition zu $BaHfO_3$ (Perovskit, $a = 4{,}17$ Å), wobei der sie umgebenden $YBa_2Cu_3O_{7-\delta}$-Matrix Barium entzogen wird. In den Röntgenbeugungsmessungen ist für alle Multilagen mit einem Hafniumgehalt $v_P > 0{,}02$ % der $BaHfO_3$-(004)-Reflex zu erkennen, der mit dem Partikelgehalt deutlich ansteigt (Abbildung 7.2). Dieser Reflex entsteht durch epitaktisch in die $YBa_2Cu_3O_{7-\delta}$-Matrix eingebaute $BaHfO_3$-Partikel. Texturmessungen an einer $YBa_2Cu_3O_{7-\delta}$-Dünnschicht mit $v_P = 2{,}5$ % zeigen, dass ein Teil der $BaHfO_3$ -Partikel zu $YBa_2Cu_3O_{7-\delta}$ eine Texturbeziehung in der Ebene von $(100)[001]_{BaHfO_3}||(100)[001]_{YBCO}$ hat (Abbildung 7.3). Das Verhältnis von texturiert eingebauten Partikeln zu solchen, die keine Vorzugsorientierung in der Matrix aufweisen, kann anhand der Beugungsdaten nicht quantifiziert werden. Aktuelle Untersuchungen an CSD-Dünnschichten gehen davon aus, dass hauptsächlich der nicht texturierte Partikelanteil, durch Spannungseffekte an der Grenzfläche zur $YBa_2Cu_3O_{7-\delta}$-Matrix, für eine starke partikelinduzierte Pinningverbesserung in $YBa_2Cu_3O_{7-\delta}$-Dünnschichten verantwortlich ist [Pui08, Llo12].

Für einige der Multilagen mit HfO_2-Nanopartikeln tritt in den Röntgenbeugungsdiagrammen (Abbildung 7.2) ein zusätzlicher Reflex bei 37,1° auf, der nicht eindeutig einer bestimmten Phase zugeordnet werden kann. Darüber hinaus verändern sich Form und Höhe des Y_2O_3-(004)-Reflexes. Inwieweit diese Veränderungen vom Partikelvolumengehalt v_P und dem Abkühlverlauf bei der Multilagenherstellung beeinflusst werden, wird Gegenstand weiterer Untersuchungen sein.

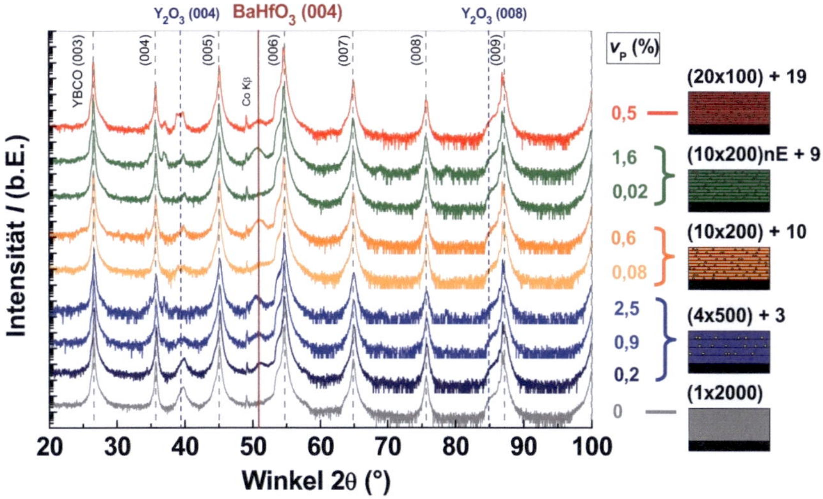

Abb. 7.2: Die HfO_2-Partikel reagieren mit YBCO zu $BaHfO_3$. Die Intensität des $BaHfO_3$-Reflexes wächst mit zunehmendem Partikelvolumenanteil v_P.

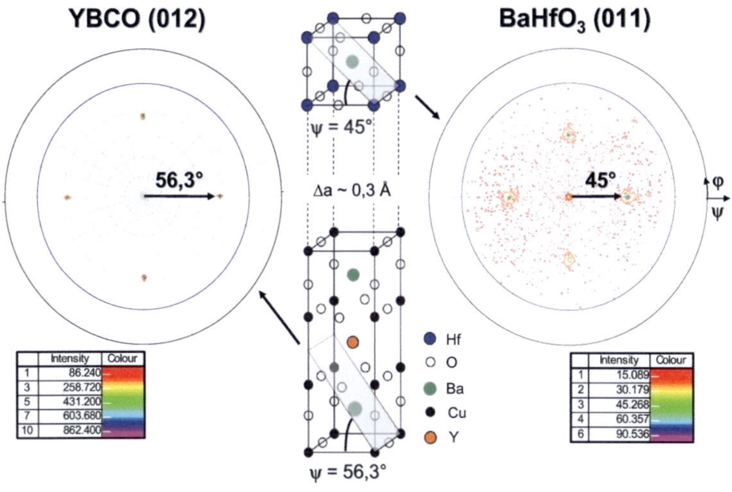

Abb. 7.3: Texturmessungen an einer $YBa_2Cu_3O_{7-\delta}$-Dünnschicht mit v_P = 2,5 % Partikeln. Ein Teil der $BaHfO_3$-Partikel hat zu YBCO eine Texturbeziehung in der Ebene von $(100)[001]_{BaHfO_3}||(100)[001]_{YBCO}$.

Partikelverteilung

Transmissionselektronenmikroskopische Aufnahmen (Abbildung 7.4) zeigen, dass die Partikel in den Lagen verbleiben, in die sie eingebracht wurden und zu sphärischen $BaHfO_3$-Partikeln reagieren. Es besteht dabei keine eindeutige Korrelation zwischen Partikeln verschiedener Lagen. Die EDX-Verteilungskarte von Hafnium an einer FIB-Querschnittslamelle bestätigt, dass das Hf hauptsächlich zwischen den $YBa_2Cu_3O_{7-\delta}$-Lagen zu finden ist (Abbildung 7.4(a)). Abbildung 7.4(b) zeigt die FIB-Lamelle der (10×200)_1 +10*274 μm^{-2}-Multilage mit einem HfO_2-Partikeldurchmesser von d_P = 10 nm (v_P = 0,6 %) im TEM. An den Partikeln sind deutlich Moiré-Kontraste des $BaHfO_3$-Gitters in der $YBa_2Cu_3O_{7-\delta}$-Matrix zu erkennen. Der Abstand der Moiré-Streifen in einem Teil der Partikel stimmt mit 3,2 nm gut mit den berechneten Werten für die Interferenz der (00l)-Netzebenen von YBCO und $BaHfO_3$ von $1/\Delta g$ = 3,18 nm überein ($1/\Delta g = d_{(006)YBCO}/(1\text{-}d_{(004)BHO}/d_{(006)YBCO})$ [Wil09]). Parallel dazu finden sich mehrere Partikel, die keine einheitliche Orientierungsbeziehung zur $YBa_2Cu_3O_{7-\delta}$-Matrix haben. Eine grobe Abschätzung anhand der TEM-Aufnahmen legt nahe, das 40 % - 60 % der $BaHfO_3$-Partikel orientiert vorliegen. Im Umfeld der Partikel sind keine größeren Defekte wie z. B. Versetzungen in der $YBa_2Cu_3O_{7-\delta}$-Matrix zu erkennen. Der mittlere Partikelabstand in c-Richtung entspricht mit 25 nm der Zwischenlagendicke. Der in den TEM-Aufnahmen gemessene Partikeldurchmesser beträgt etwa 13 nm (± 2 nm). Dies entspricht der erwarteten Volumenzunahme infolge der Umwandlung von HfO_2 zu $BaHfO_3$. Die vollständige Reaktion eines HfO_2-Partikels mit d_P = 10 nm zu $BaHfO_3$ führt zu einer Vergrößerung des Partikeldurchmessers auf 12,8 nm.

Die Multilagen mit IGK-Partikeln unterscheiden sich damit in ihrer Struktur grundlegend von PLD-Quasi-Multilagen mit $BaHfO_3$-Partikeln, bei denen $BaHfO_3$ über mehrere Zwischenlagen hinweg runde bis röhrenförmige Ausscheidungen in der $YBa_2Cu_3O_{7-\delta}$-Matrix bildet [Rei11, Hän12].

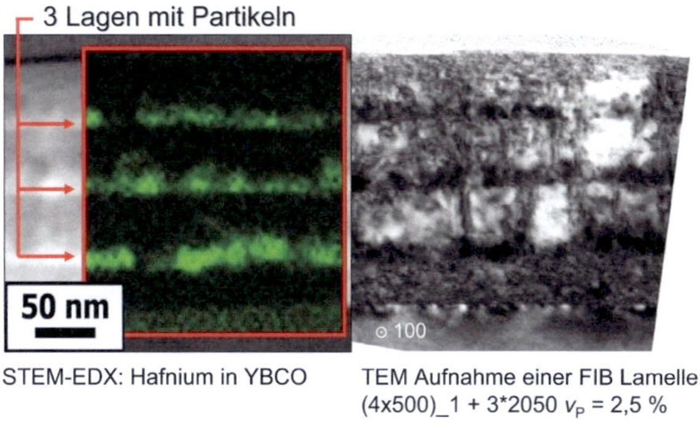

(a)

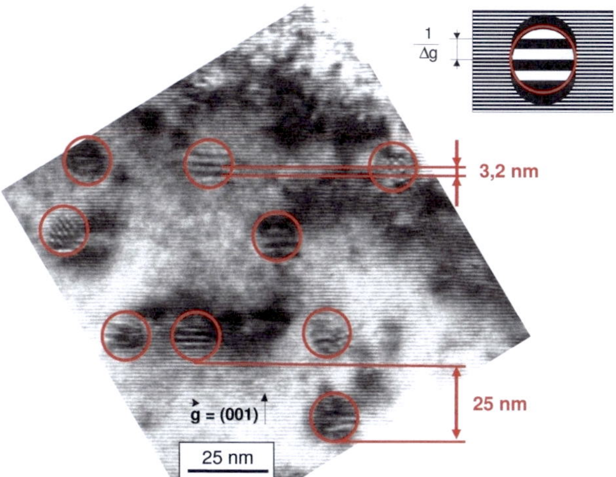

(b)

Abb. 7.4: (a) In der EDX-Verteilungskarte von Hafnium an einer FIB-Querschnittslamelle ((4×500)_1 + 3*2046 μm^{-2}) ist Hafnium hauptsächlich zwischen den $YBa_2Cu_3O_{7-\delta}$-Lagen zu finden. (b) TEM-Aufnahme der FIB-Querschnittslamelle der (10×200)_1 + 10*274 μm^{-2}-Multilage. Für orientierte Partikel hat der Moiré-Kontrast der durch eine relative Verschiebung der Kristallgitter von $BaHfO_3$ mit der $YBa_2Cu_3O_{7-\delta}$-Matrix entsteht eine Streifenbreite von $1/\Delta g = 3{,}18$ nm. Der mittlere Partikelabstand in c-Richtung entspricht mit 25 nm der Zwischenlagendicke t.

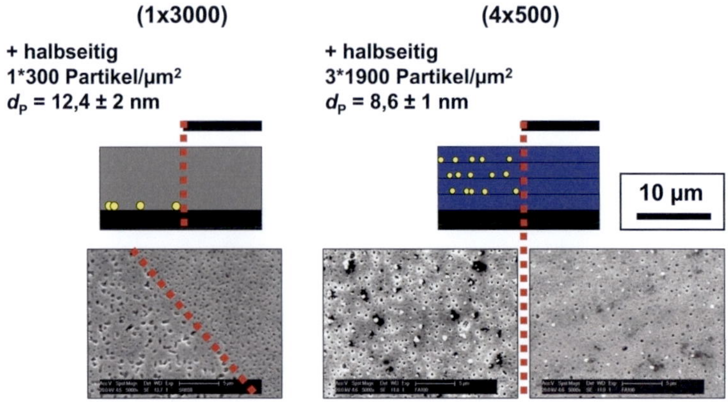

Abb. 7.5: $YBa_2Cu_3O_{7-\delta}$-Oberfläche mit und ohne Nanopartikel auf dem Substrat bzw. in der Multilage. Die Probenhälfte mit Partikeln weist mehr Löcher und eine andere Lochgeometrie auf als die unbelegte Seite.

$YBa_2Cu_3O_{7-\delta}$-Topographie

$YBa_2Cu_3O_{7-\delta}$-Dünnschichten, bei denen die HfO_2-Partikel entweder auf dem Substrat oder in den Zwischenlagen deponiert wurden, haben eine andere Schichttopograhie als $YBa_2Cu_3O_{7-\delta}$-Einfach- oder Multilagen ohne Nanopartikel. Abbildung 7.5 zeigt REM-Aufnahmen von $YBa_2Cu_3O_{7-\delta}$-Dünnschichten, bei denen jeweils nur eine Hälfte des Substrates bzw. der Schicht mit Partikeln belegt wurde. Die Seite mit Partikeln weist mehr Löcher und teilweise eine andere Lochgeometrie auf als die unbelegte Seite. Diese Seite erscheint auch optisch heller. Ursache dieses Effektes ist vermutlich eine Veränderung der $YBa_2Cu_3O_{7-\delta}$-Keimbildungs- und Wachstumsbedingungen durch die Partikel. Durch die erhöhte Porosität ist eine schnellere Sauerstoffbeladung der Multilagen mit Partikeln wahrscheinlich. In welchem Ausmaß dies die supraleitenden Eigenschaften der Multilagen mit Nanopartikeln beeinflusst, kann nicht geklärt werden, da dieser Effekt nicht unabhängig vom Einfluss der Partikel untersucht werden kann.

7.2.2 Einfluss der HfO_2-Partikel auf die elektrischen Eigenschaften von $YBa_2Cu_3O_{7-\delta}$

Kritische Temperatur

Die kritische Temperatur $T_{c,onset}$ der Multilagen mit HfO_2-Partikeln liegt zwischen 89 K und 92,4 K (Abbildung 7.6(a)). Für geringe Partikelvolumenanteile von $v_P < 0{,}5$ % (bzw. Partikeldichten $< 10\ \mu m^{-2}nm^{-1}$) ist T_c gegenüber den Referenzmultilagen leicht erhöht. Mit wachsendem Partikelvolumenanteil wird T_c tendenziell kleiner. Die meisten Multilagen mit Partikeln haben mit ΔT_c = 0,3 K - 0,6 K einen schmaleren Übergang als ihre Referenzmultilagen. Erst ab einem Partikelvolumenanteil von $v_P > 2$ % ist ΔT_c deutlich größer als in den Referenzschichten (Abbildung 7.6(b)).

Die Reduktion von T_c und der Anstieg von ΔT_c mit zunehmendem $BaHfO_3$-Gehalt wird auch in hafniumdotierten On- und Off-axis-Quasi-Multilagen beobachtet [Hän06, Rei11]. Dies ist in Abbildung 7.7 exemplarisch für On-axis-$YBa_2Cu_3O_{7-\delta}$-Multilagen (40x75)+4*n mit PLD-Partikeln dargestellt [Hän06]. Der Partikelvolumenanteil[2] wird bei den PLD-Partikeln durch die Änderung der Pulszahl n auf ein Hafniumtarget variiert. Im direkten Vergleich zeigt sich, dass die Absenkung der kritischen Temperatur T_c und die Vergrößerung der Übergangsbreite durch die PLD-Partikel wesentlich stärker ist, als in den Multilagen mit IGK-Partikeln.

Als eine mögliche Ursache für eine T_c-Reduktion mit steigendem Dotiergehalt wird die Diffusion von Hafnium in die $YBa_2Cu_3O_{7-\delta}$-Matrix vermutet. Kulkarni *et al.* [Kul94] haben an hafniumdotierten $YBa_2Cu_3O_{7-\delta}$-Sinterproben gezeigt, dass Yttrium durch Hafnium substituiert wird. Dies führt zu einer Veränderung der Sauerstoffbeladung und damit der Ladungsträgerdichte im $YBa_2Cu_3O_{7-\delta}$, die eine Absenkung von T_c zur Folge hat. Des Weiteren kann die kritische Temperatur von Spannungen oder einer erhöhten Defektdichte an den Grenzflächen zwischen Partikeln und $YBa_2Cu_3O_{7-\delta}$-Matrix beeinflusst werden [Huh09, Gur97].

Der unterschiedliche Grad der T_c-Reduktion in Multilagen mit IGK-Partikeln und solchen mit PLD-Partikeln bei vergleichbarem Partikelvolumenanteil kann mit der unterschiedlichen Verteilung des Partikelmaterials in der Matrix erklärt werden. Goyal *et al.* [Goy12] haben anhand von HR-TEM Untersuchungen gezeigt, dass es vor allem in der Umgebung epitaktisch eingebauter Partikel zu Gitterverzerrungen kommt, die lokal die Sauerstoffbeladung und damit T_c senken. Für Partikel mit großem Abstand zueinander wirkt dieser Effekt

[2] Der Partikelvolumenanteil ergibt sich aus der von Hänisch *et al.* [Hän06] angegebenen Depositionsrate von 0,12 Å/Puls.

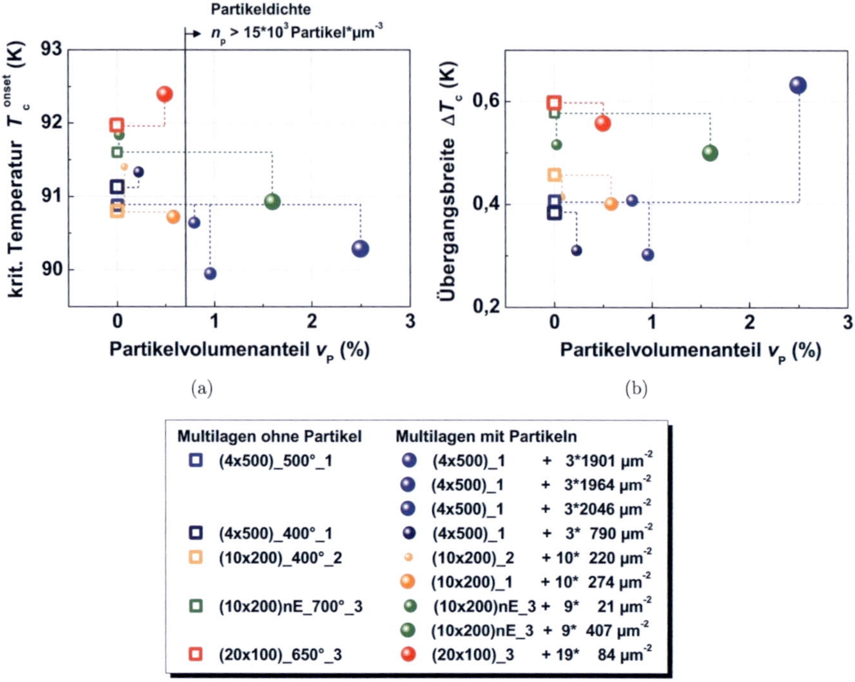

Abb. 7.6: (a) Die kritische Temperatur T_c nimmt im Allgemeinen mit steigendem Partikelvolumenanteil ab. (b) Der supraleitende Übergang ΔT_c ist erst oberhalb von 2% Partikelvolumenanteil deutlich breiter als in den Referenzmultilagen.

hauptsächlich lokal und das globale T_c bleibt unbeeinflußt. Liegen die Partikel hingegen nah beieinander (infolge einer hohen Partikeldichte in der Ebenen oder einer geringen Zwischenlagendicke), dann überlappen die Bereiche der lokalen partikelinduzierten T_c-Reduktion und die kritische Temperatur T_c der gesamten $YBa_2Cu_3O_{7-\delta}$-Dünnschicht ist reduziert. Diese Erklärung wird von der Beobachtung gestützt, dass in Multilagen mit PLD-Partikeln, die häufig einen geringen Durchmesser und eine hohe Dichte haben, T_c stärker erniedrigt wird, als in CSD-Dünnschichten, in denen Partikelabstand und -durchmesser in der Regel größer sind.

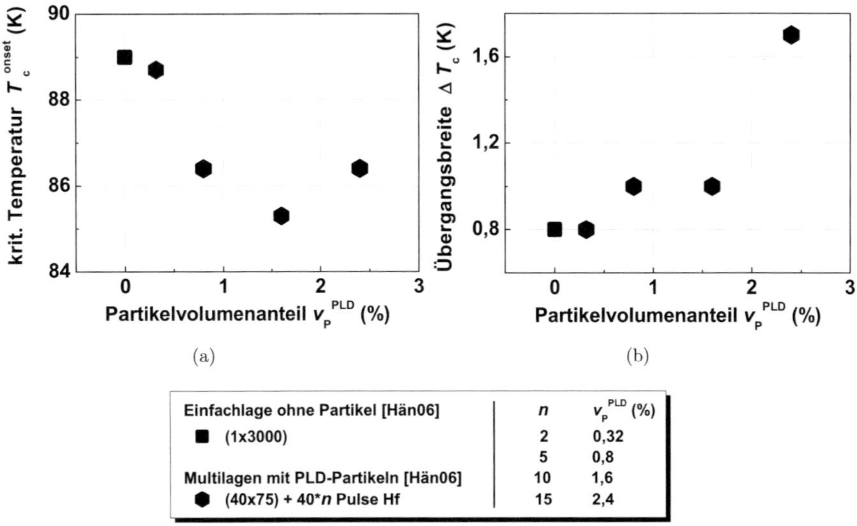

Abb. 7.7: (a) Kritische Temperatur T_c und (b) Übergangsbreite ΔT_c für On-axis-$YBa_2Cu_3O_{7-\delta}$-Multilagen (40x75)+4*n mit PLD-Partikeln. [Hän06] Der Partikelvolumenanteil wird bei den PLD-Partikeln durch die Änderung der Pulszahl n auf ein Hafniumtarget variiert. Der Partikelvolumenanteil ergibt sich aus der Depositionsrate für Hafnium von 0,12 Å/Puls. Die Absenkung der kritischen Temperatur T_c mit steigendem Partikelvolumenanteil ist für Multilagen mit PLD-Partikeln wesentlich stärker als in den Multilagen mit IGK-Partikeln.

Irreversibilitätsfeld

Das Irreversibilitätsfeld H_{irr}(77 K) von Multilagen mit einem Partikelvolumenanteil $v_P < 2\%$ liegt mit 7,8 bis 9 Tesla im Bereich der Referenzmultilagen (Abbildung 7.8 (a)). Für Multilagen mit > 2 vol% ist H_{irr}(77 K) deutlich niedriger.

Die Temperaturabhängigkeit des Irreversibilitätsfeldes $H_{irr}(T)$ in den Multilagen ändert sich durch die Partikeleinbringung nicht wesentlich. In Abbildung 7.8(b) ist dies exemplarisch für die 2 Multilagen mit dem höchsten H_{irr}(77 K) dargestellt. $H_{irr}(T)$ kann hier mit einem Potenzgesetz (Gleichung 7.3) angenähert werden. Der Exponent q liegt für alle Einfach- und Multilagen zwischen 1,31 ± 0,02 und 1,5 ± 0,01. In diesem Bereich werden die Eigenschaften des Flussliniengitters durch einen Übergang vom Vortexglas zur Vortexflüssigkeit [Koc89] oder thermisch aktiviertes Flusskriechen [Yes88] bestimmt. [Hän05a]

$$H_{irr} = H_0 \left(1 - \frac{T}{T_c}\right)^q \tag{7.3}$$

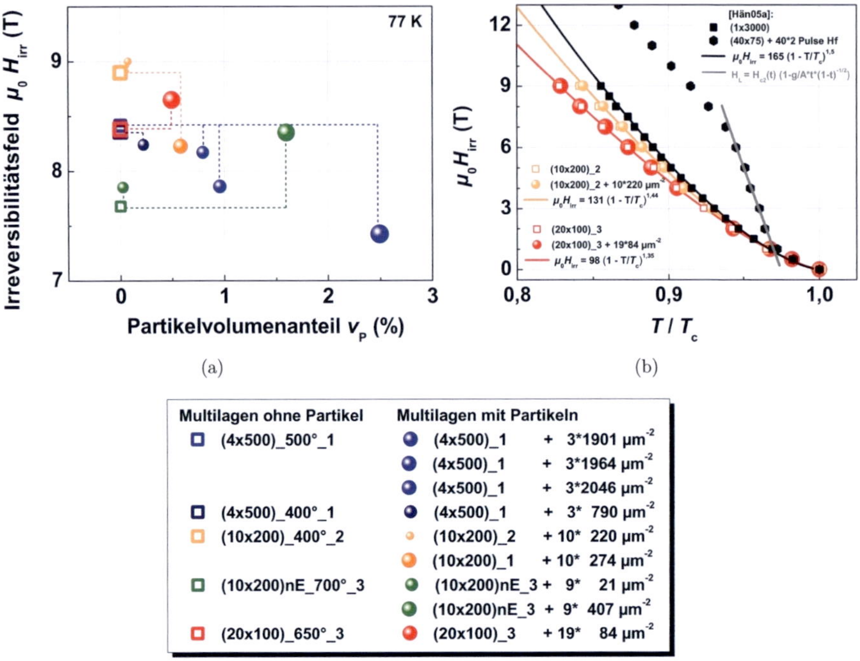

Abb. 7.8: (a) Das Irreversibilitätsfeld H_{irr} bei 77 K von Multilagen mit HfO_2-Partikeln ist ähnlich dem der Multilagen ohne Partikel. (b) Das normierte Irreversibilitätsfeld $H_{irr}(T/T_c)$ wird durch die Einbringung der IGK-HfO_2-Partikel in die Multilagen nicht verändert. In Multilagen mit $BaHfO_3$ PLD-Partikeln wird hingegen ein s-förmiger Anstieg des Irreversibilitätsfeldes beobachtet [Hän05a].

Der Verlauf des Irreversibilitätsfeldes $H_{irr}(T)$ in Multilagen mit gasphasenkondensierten Partikeln unterscheidet sich damit deutlich von den $YBa_2Cu_3O_{7-\delta}$-Quasi-Multilagen mit PLD-Partikeln. Von Hänisch [Hän05a] und Reich [Rei11] wurde für $YBa_2Cu_3O_{7-\delta}$-Quasi-Multilagen mit $BaHfO_3$-Partikeln, die mittels PLD erzeugt wurden, ein s-förmiger Verlauf der Irreversibilitätskurve beschrieben (Abbildung 7.8(b)). Dieser wird mit der Ausbildung eines Bose-Glases erklärt, in dem die Flusslinien an korrelierten, c-achsenorientierten Defekten verankert sind [Rei11]. Auch Kießling *et al.* [Kie11] haben an $BaZrO_3$-dotierten Quasi-Multilagen gezeigt, dass diese s-Form mit der Ausbildung von $BaZrO_3$-Nanosäulen in den Multilagen korreliert. Dieser Effekt ist, abhängig von der Substrattemperatur, umso ausgeprägter, je kleiner die Zwischenlagendicke ($\leq$ 50 Pulse) ist bzw. je mehr $BaZrO_3$-Zwischenlagen existieren. Kurze Diffusionswege in Richtung der c-Achse fördern demnach die Bildung von $BaZrO_3$-Nanosäulen.

Die Ursache für die unterschiedliche Temperaturabhängigkeit von H_{irr} bei den einzelnen Verfahren liegt also vor allem in der anderen Probenarchitektur und Anordnung der $BaHfO_3$-Partikel in der $YBa_2Cu_3O_{7-\delta}$-Matrix. In den Multilagen mit IGK-Partikeln ist die Zwischenlagendicke mit ≥ 100 Pulsen deutlich größer als in den PLD-Quasi-Multilagen. Somit ist auch die Anzahl der Partikel-Zwischenlagen geringer (L $\leq$ 20) und die Verteilung der Fremdphase ist weniger homogen. Zudem werden die IGK-Partikel als fertig nukleierte Teilchen in die $YBa_2Cu_3O_{7-\delta}$-Matrix eingebracht. Diese Faktoren verhindern eine diffusionsgetriebene, autokorrelierte Anordnung der Partikel und führen zu der in Abbildung 7.4(b) dargestellten Verteilung von sphärischen Partikeln in den $YBa_2Cu_3O_{7-\delta}$-Multilagen, an denen sich kein Bose-Glas ausbilden kann.

Magnetfeldabhängigkeit der kritische Stromdichte

Die Einbringung von HfO_2-Nanopartikeln beeinflusst die elektrischen Eigenschaften der Multilagen. Für Magnetfelder $\mu_0 H > 0{,}5$ T werden die Unterschiede und Gemeinsamkeiten der einzelnen Multilagen in der Auftragung der Pinningkraftdichte f_{p} über dem normierten Magnetfeld $h = H/H_{\mathrm{irr}}$ besonders deutlich.
Die Pinningkraftdichtekurven liegen für alle Multilagen mit $v_{\mathrm{P}} < 2$ % in einem weiten Magnetfeldbereich oberhalb von f_{p} der jeweiligen Referenzmultilage (Abbildung 7.9). Die Einbringung von IGK-HfO_2-Nanopartikeln führt demnach zu einer Erhöhung der effektiven Pinningkraftdichte von $YBa_2Cu_3O_{7-\delta}$-Multilagen. Für die Abhängigkeit von f_{p}(h) von den Partikeleigenschaften sind verschiedene Tendenzen erkennbar, die im Folgenden diskutiert werden.
Für die Multilagen mit dem höchsten Partikelvolumenanteil von $v_{\mathrm{P}} = 2{,}5$ % in der (4×500)-Serie (Abbildung 7.9(a)) ist f_{p}(h) deutlich geringer als in den Referenzmultilagen. In Verbindung mit den niedrigeren T_{c} und H_{irr} Werten und dem breiten ΔT_{c} dieser Multilage zeigt sich, dass sich ein Partikelvolumenanteil $v_{\mathrm{P}} > 2$ % insgesamt nachteilig auf die supraleitenden Eigenschaften der $YBa_2Cu_3O_{7-\delta}$-Matrix auswirkt.
Der große Partikeldurchmesser von $d_{\mathrm{P}} = 12$ nm in dieser Multilage allein liefert noch keine Erklärung für die niedrige Pinningkraftdichte. Die Multilage (20×100)_3+19*84 μm^{-2} mit $v_{\mathrm{P}} = 0{,}5$ % (Abbildung 7.9(d)) zeigt bei einem ähnlich großen Partikeldurchmesser eine Verbesserung der elektrischen Eigenschaften gegenüber der Referenzmultilage.

Das Maximum der Pinningkraftdichte $f_{\mathrm{p}}^{\mathrm{max}}$ ist bei vergleichbarem Partikeldurchmesser in der (4×500)-Serie für die Probe mit der geringsten Belegdichte am größten (Abbildung

7.9(a)). Eine Erhöhung der Partikeldichte führt demnach nicht zwangsläufig zu einer effektiven Erhöhung der Pinningkraftdichte. Dies kann sowohl die Folge des ansteigenden Partikelvolumengehaltes als auch der höheren Belegdichte N sein.
Ein großer Partikelvolumenanteil, bzw. eine große Flächenbelegung A_P ($A_P \approx N^* d_P^2$), hat eine hohe Defektdichte und lokale Störungen der Epitaxie zwischen den Lagen zur Folge, die den supraleitenden Querschnitt verringern. Eine ähnliche Abnahme von j_c und T_c wurde von Hänisch *et al.* für Hf-$YBa_2Cu_3O_{7-\delta}$-Quasi-Multilagen mit hohen Hf-Pulszahlen beobachtet und darauf zurückgeführt, dass der Abstand zwischen den $BaHfO_3$-Ausscheidungen so klein ist, "daß der supraleitende Querschnitt ohne wesentliche Pinningkrafterhöhung eingeengt wird und j_c sinkt" [Hän05a] (S.86). Ein einfaches Rechenbeispiel verdeutlicht diesen Zusammenhang. Für eine Belegdichte $N = 2050$ Partikel/μm^2 beträgt der mittlere Partikelabstand in der Ebene etwa 24 nm. In Verbindung mit einem Partikeldurchmesser $d_P > 10$ nm liegt damit der Abstand zwischen zwei Partikeln in der Größenordnung des Durchmessers, und die Flächenbelegung mit Partikeln in der Ebene A_P beträgt etwa 25 %.

In der (10×200)-Serie (Abbildung 7.9(b)) werden zwei Multilagen miteinander verglichen, die ähnliche Beleg- bzw. Partikeldichten ($N \approx 250\ \mu m^{-2}$; $n_P \approx 10\ \mu m^{-3}$) haben, sich jedoch im Partikeldurchmesser ($d_P = 5{,}5$ nm und 10 nm) und damit auch im Partikelvolumenanteil ($d_P = 0{,}08$ % und 0,57 %) unterscheiden.[3] Beide Multilagen haben das gleiche f_p^{max}. Es ist daher naheliegend, dass für kleine v_P nicht die Größe, sondern die Anzahl der Partikel entscheidend für f_p^{max} ist. Auch der Vergleich der Probenserien untereinander deutet auf einen Zusammenhang zwischen der Dichte der Partikel und f_p^{max} hin (Abbildung 7.10(a)). Bis zu einer Partikeldichte von $n_P < 20^*10^3\ \mu m^{-3}$ bzw. einer Belegdichte $N < 1000\ \mu m^{-2}$ steigt f_p^{max} mit zunehmender Partikeldichte an. Aufgrund der unterschiedlichen Herstellungsverläufe der Probenserien sollte hieraus jedoch keine lineare Abhängigkeit zwischen Belegdichte und f_p^{max} abgeleitet werden.

Das Magnetfeld, bei dem f_p maximal ist, ist in allen Multilagen mit HfO_2-Partikeln kleiner als in der jeweiligen Referenzmultilage (Abbildung 7.9) und liegt zwischen $\mu_0 H = 0{,}7$ T und $\mu_0 H = 1{,}5$ T. Die Verschiebung des Pinningkraftdichtemaximums zu kleineren Feldern ist in denjenigen Multilagen besonders deutlich, in denen das Verhältnis von Zwischenlagendicke

[3]Die Multilage (10×200) + 10*274 μm^{-2} wurde mit dem Abkühlverlauf ① hergestellt. Die Multilage (10×200) + 10*220 μm^{-2} und die (10×200)_2 Referenzmultilage mit dem Abkühlverlauf ②. Da sich die Pinngkraftdichtekurven der Referenzmultilagen der Abkühlverläufe ① und ② kaum unterscheiden, wird hier angenommen, dass sich $f_p(\mu_0 H)$ für die fehlende (10×200) Referenzmultilage mit dem Abkühlverlauf ① ähnlich verhält wie (10×200)_2.

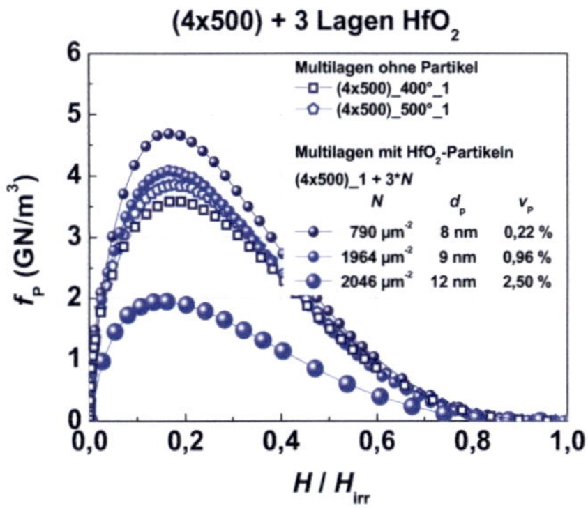

(a)

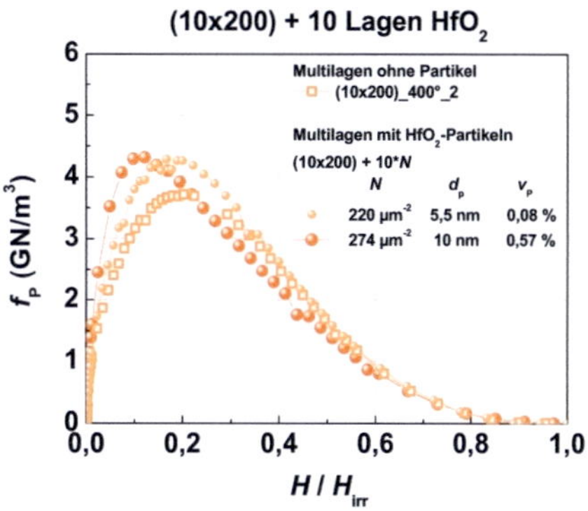

(b)

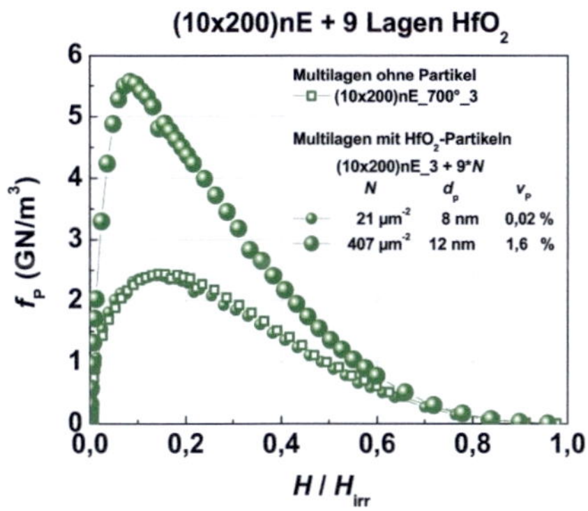

(c)

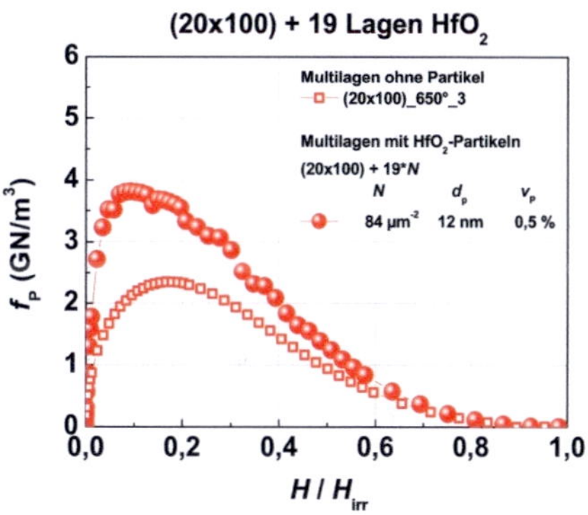

(d)

Abb. 7.9: Pinningkraftdichte f_p über dem reduzierten Magnetfeld $h = H/H_\mathrm{irr}$ für $H \parallel c$ bei 77 K. Die Pinningkraftdichte f_p ist für alle Multilagen mit HfO_2-Partikeln mit $v_\mathrm{P} < 2$ % in einem weiten Magnetfeldbereich größer als in den Referenzmultilagen.

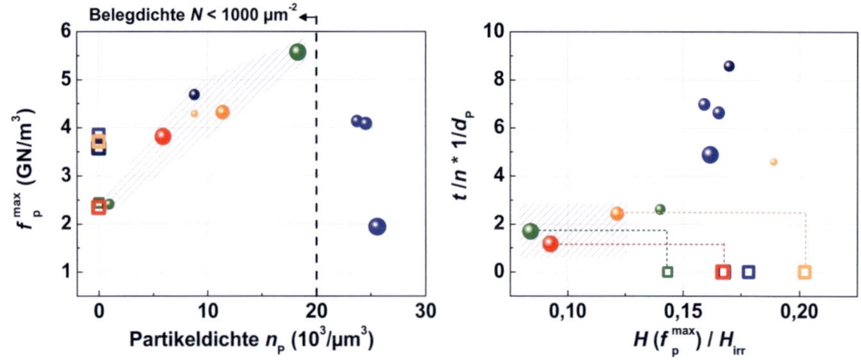

(a) (b)

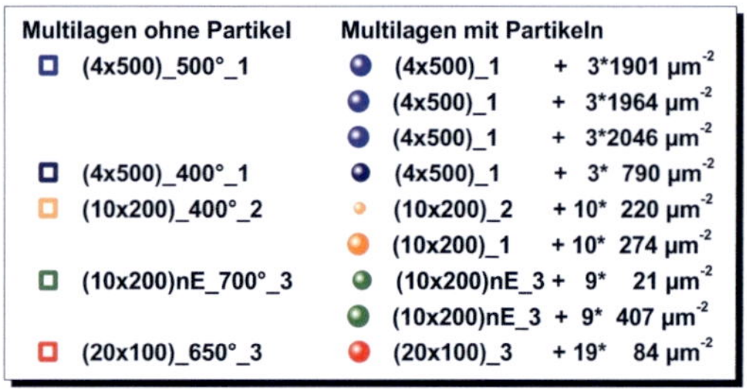

Abb. 7.10: (a) Für kleine Partikeldichten $n_P < 20*10^3 \mu m^{-3}$ bzw. Belegdichten $N < 1000\ \mu m^{-2}$ steigt $f_p{}^{max}$ mit zunehmender Partikeldichte an. (b) In Multilagen mit einem kleinen Verhältnis von Zwischenlagendicke t/n zu Partikeldurchmesser d_P ($t/n < 3*d_P$) ist das Pinningkraftdichtemaximum zu kleinen Magnetfeldern hin verschoben.

zu Partikeldurchmesser klein ist ($t/n < 3*d_P$) (Abbildung 7.10(b)). Infolge der Verschiebung von $H(f_p^{max})/H_{irr}$ können die normierten Pinningkraftdichtekurven dieser Multilagen nicht mehr mit der gleichen Kramer-Funktion beschrieben werden wie die Referenzmultilagen (Abbildung 7.11). Das bedeutet, dass die durch die Partikel zusätzlich eingebrachten Defekte anders mit dem Flussliniengitter wechselwirken [DH74] als die herstellungsbedingten Defekte in den Referenzmultilagen.

Darüber hinaus ist es in diesen Multilagen mit Partikeln nicht mehr möglich, die Exponenten der Kramer-Skalierung p und q so anzupassen, dass der Kurvenverlauf von $f_p/f_p^{max}(h)$ im gesamten Feldbereich mit einer Funktion angenähert werden kann. Das spricht dafür, dass sich in Multilagen mit HfO_2-Partikeln die unterschiedlichen Pinningmechanismen von

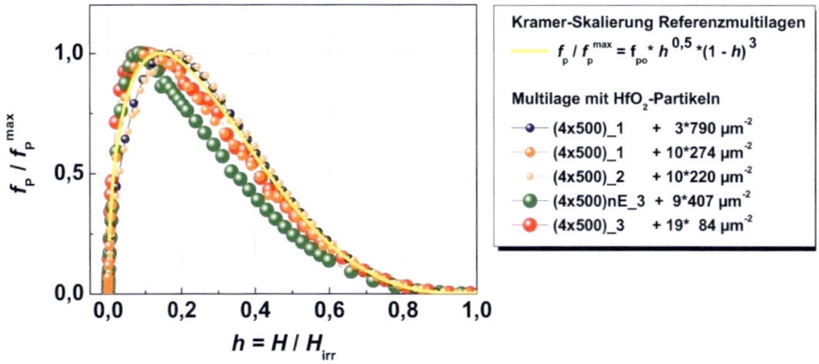

Abb. 7.11: Ein Teil der Multilagen mit Partikeln zeigt einen anderen Verlauf der normierten Pinningkraftdichte $f_P/f_P{}^{max}$ über dem reduzierten Magnetfeld $h= H/H_{irr}$ als die Referenzmultilagen. Sie können nicht mehr mit der gleichen Kramer-Funktion (Gleichung 2.7) beschrieben werden.

herstellungsbedingten und partikelinduzierten Defekten überlagern [MD06][4]. Die partikelinduzierten Defekte tragen dabei hauptsächlich in kleinen Magnetfeldern ($H/H_{irr} \leq 0{,}2$) effektiv zum Pinning bei.

Die Wirkung der partikelinduzierten Defekte in kleinen Magnetfeldern ist auch in der doppelt-logarithmischen Auftragung der kritische Stromdichte j_c über dem Magnetfeld deutlich zu erkennen. In Abbildung 7.12 ist $j_c(\mu_0 H)$ für ausgewählte Multilagen aus allen 4 Probenserien dargestellt.

Die kritische Stromdichte im Eigenfeld $j_{c\ sf}$ liegt für alle Multilagen mit Partikeln ($v_P < 2\,\%$) zwischen 2,5 MA/cm^2 und 3,7 MA/cm^2. Die Differenz zum $j_{c\ sf}$ der jeweiligen Referenzmultilagen beträgt etwa ± 1 MA/cm^2. Eine Korrelation zwischen den Partikeleigenschaften (n_P, v_P) und $j_{c\ sf}$ ist nicht zu erkennen. Für die drei Multilagen mit $d_P \geq 10$ nm ist $j_{c\ sf}$ um 0,5 bis 1 MA/cm^2 höher als in den Referenzmultilagen. In der Regel führt das Einbringen von nichtsupraleitenden Fremdphasen und Defekten in die $YBa_2Cu_3O_{7-\delta}$-Matrix zu einer Absenkung von $j_{c\ sf}$ [Fol07]. Die beobachtete Erhöhung von $j_{c\ sf}$ ist ein Indiz für die Ausbildung von zusätzlichen versetzungsartigen Sekundärdefekten [Wan06, Fol09] durch die Partikel.

[4]MacManus-Driscoll *et al.* [MD06] beschreiben für seltenerddotierte $YBa_2Cu_3O_{7-\delta}$-Dünnschichten ebenfalls eine Pinningverbesserung in kleinen Feldern, vermutlich hervorgerufen durch Spannungsfelder um Punktdefekte. Die Verschiebung von $H(f_P^{max})$ wird hier mit der Überlagerung von zwei Pinningkraftdichtemaxima begründet. Dem ursprünglichen Maximum, das hauptsächlich durch Pinning an herstellungsbedingten Versetzungen verursacht wird, ist in kleinen Feldern ein zweites, höheres Pinningkraftdichtemaximum überlagert, das von zufällig verteilten Defekten herrührt, die in diesem Feldbereich effektiv pinnen.

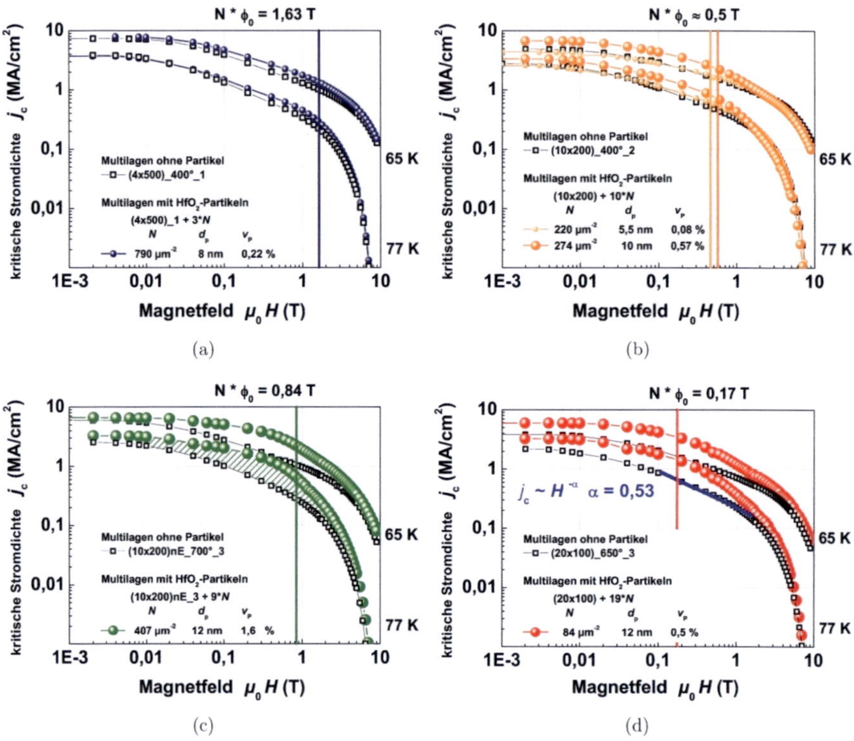

Abb. 7.12: Kritische Stromdichte j_c im Magnetfeld $H \parallel c$ bei 77 K und 65 K für ausgewählte Multilagen aller 4 Serien. Die jeweiligen Referenzmultilagen sind in dieser Grafik schwarz dargestellt. Durch die Einbringung der IGK-HfO_2-Nanopartikel werden $j_{c\ sf}$ und j_c in kleinen Magnetfelder erhöht (schraffierter Bereich in (c)). Der Bereich, der in den Referenzproben durch ein Potenzgesetz angenähert werden kann ($j_c \propto H^{-\alpha}$) (d), ist in den drei Multilagen mit $d_P \geq 10$ nm zweigeteilt (b-d). Diese Teilung tritt jeweils in der Nähe des Magnetfeldes auf, in dem die Anzahl der Flusslinien in der Größenordnung der Belegdichte N ist ($B_\phi = N * \phi_0$).

Im Magnetfeldbereich zwischen 80 mT und 1,8 T haben alle Multilagen mit $v_P < 2$ % eine größere kritische Stromdichte j_c als ihre Referenzmultilagen ohne Partikel (Abbildung 7.12). In den Multilagen mit 10 und 20 Zwischenlagen ändert sich zudem der Verlauf von $j_c(\mu_0 H)$. Der Bereich, der in den Referenzproben durch ein Potenzgesetz angenähert werden kann ($j_c \propto \mathrm{H}^{-\alpha}$) (Abbildung 7.12 (d)), ist vor allem in den drei Multilagen mit $d_P \geq 10$ nm deutlich verkürzt bzw. zweigeteilt. Im ersten Abschnitt ist die Magnetfeldabhängigkeit der Multilagen mit Partikeln geringer, im zweiten höher als in den Referenzproben. Aufgrund der veränderten Kurvenform kann α für die Multilagen mit Partikeln nicht verlässlich bestimmt werden. Ein ähnliches Verhalten wird in $YBa_2Cu_3O_{7-\delta}$-Dünnschichten mit $BaZrO_2$-Partikeln beobachtet, die eine hohe Anzahl unkorrelierter Defekte aufweisen [Mai09, Gut07]. Das Magnetfeld, das diese beiden Bereiche der $j_c(\mu_0 H)$-Abhängigkeit trennt, korreliert jeweils mit der Belegdichte N der Partikel. Das heißt, der Anstieg von $j_c(\mu_0 H)$ ändert sich für beide Messtemperaturen in der Nähe des Magnetfeldes am deutlichsten, in dem die Anzahl der Flusslinien ähnlich der Partikelanzahl in einer Ebene der Multilage ist ($B_\phi = N * \phi_0$) (Abbildung 7.12).

Feldrichtungsabhängigkeit der kritischen Stromdichte

Die Feldrichtungsabhängigkeit der kritischen Stromdichte $j_c(\theta,\ \mu_0 H)$ weicht in den Multilagen mit HfO_2-Partikeln deutlich von den Referenzmultilagen ab (Abbildung 7.13). Durch die HfO_2-Partikel wird $j_c(\theta)$ für $\mu_0 H$ zwischen 1 T und 3 T in einem breiten Winkelbereich erhöht. In Abbildung 7.14(a) sind die Multilagen mit Partikeln noch einmal im direkten Vergleich für $j_c(\theta)$ bei $\mu_0 H = 1$ T dargestellt. Abbildung 7.14(b) verdeutlicht die Differenz Δj_c zwischen $j_c(\theta)$ der Multilagen mit Partikeln und $j_c(\theta)$ der jeweiligen Referenzmultilage. In den $j_c(\theta)$-Diagrammen können drei Bereiche unterschieden werden:

- Für $H \parallel c$-Achse ($\theta = 0° \pm 10°$) entspricht j_c den bereits diskutierten Werten der $j_c(\mu_0 H)$-Messung. In diesem Winkelbereich verläuft $j_c(\theta)$ in Multilagen mit und ohne Partikel nahezu unabhängig vom Winkel θ.
- Für $H \parallel ab$-Ebenen ($\theta = 90° \pm 10°$) zeigen alle Multilagen ein Maximum. Dieses j_c-Maximum bei $H \parallel ab$ resultiert aus der Überlagerung zweier Maxima. Einem breiten Maximum, das durch die Massenanisotropie von $YBa_2Cu_3O_{7-\delta}$ und zufällig verteilte, isotrope Defekte (*random defects*) bestimmt ist, und einem scharfen Maximum infolge des intrinsischen Pinnings durch die parallel angeordneten ab-Ebenen und Pinning an ausgedehnten planaren Defekten [Civ04a]. In der (4×500)_1 und (10×200)_1/2-Serie ist $j_c(90°)$ der Multilagen mit Partikeln ähnlich dem der jeweiligen Referenzmultilage (Abbildung 7.13(a) und

(b)). Für die Multilagen der (10×200)nE_3 und (20×100)_3-Serie hingegen ist $j_c(90°)$ in den Proben mit Hafniumpartikeln deutlich höher als in den Referenzmultilagen (Abbildung 7.13(c),(d) und 7.14(b)). Ursache für die Erhöhung von $j_c(\theta = 90°)$ ist entweder eine Erhöhung der Dichte planarer Defektanteile durch die Partikeleinbringung oder eine Verringerung der Welligkeit der *ab*-Ebenen (*buckling*) [Civ04a, Mai06][5].
Das unterschiedliche j_c-Verhalten der Multilagen mit Partikeln bei $\theta = 90° \pm 10°$ kann nicht eindeutig mit den Partikeleigenschaften korreliert werden. Es ist wahrscheinlicher, dass dies eine Folge der unterschiedlichen Herstellungsverfahren ist. Die Proben (10×200)nE+9*N und (20×100)+19*N, für die Δj_c auch bei $\theta = 90°$ deutlich ansteigt, wurden mit dem Abkühlverlauf ③ (Partikeldeposition bei 700 °C - 650 °C) hergestellt. Die Partikeleinbringung in den Multilagen (4×500)+3*N und (10×200)+10*N erfolgte hingegen bei Temperaturen ≤500 °C mit den deutlich langsameren Verfahrenswegen ① und ②. Diese unterschiedlichen Depositionsbedingungen beeinflussen vermutlich auch die Bildung und das Ausheilen von partikelinduzierten Defekten und damit $j_c(\theta)$.

- Im Bereich von $\theta = 10°$ - 80° unterscheiden sich die Multilagen mit HfO_2-Partikeln sowohl im Vergleich zu den Referenzmultilagen als auch untereinander am deutlichsten. Während die Multilagen (4×500)_1+3*N und (20×100)_3+19*N dem konvexen Verlauf der Referenzmultilagen folgen, zeigen die Probe (10×200)nE_3+9*N und die (10×200)_1/2+10*N-Serie bei $\theta = 60° \pm 20°$ feldabhängig eine konkave Krümmung, eine sogenannte Schulter des *ab*-Maximums (Abbildung 7.13 und 7.14(a)). Ein einfacher Zusammenhang zwischen dem Auftreten dieser Schulter und einer bestimmten Partikeleigenschaft oder einem der drei Abkühlverläufe während der Multilagenherstellung besteht nicht. In den TEM-Aufnahmen der Multilage (10×200)_1+10*274 μm^{-2} (Abbildung 7.4(b)) sind weder eine Autokorrelation zwischen den Partikeln noch von ihnen ausgehende langreichweitige Defekte erkennbar, die ein feldrichtungskorreliertes Pinning im Winkelbereich von $\theta = 10°$ - 80° schlüssig erklären würden.

[5]Maiorov *et al.* [Mai06] haben gezeigt, dass eine erhöhte Rauigkeit der Substratoberfläche durch partikuläre $SrTiO_3$-Ausscheidungen zu wellenförmigen Verschiebungen der *ab*-Ebenen führt (*buckling*). Dies hat zur Folge, dass der Anteil parallel zu den *ab*-Ebenen gepinnter Flusslinien sinkt und damit auch $j_c(90°)$.

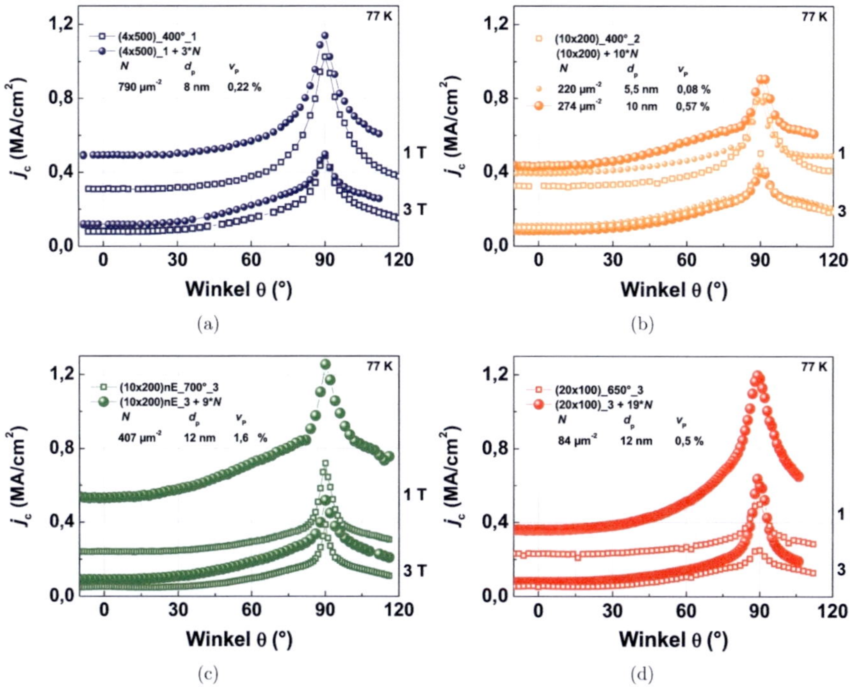

Abb. 7.13: Die Multilagen mit HfO_2-Partikeln zeigen eine andere Feldrichtungsabhängigkeit der kritischen Stromdichte $j_c(\theta)$ als die Referenzmultilagen.

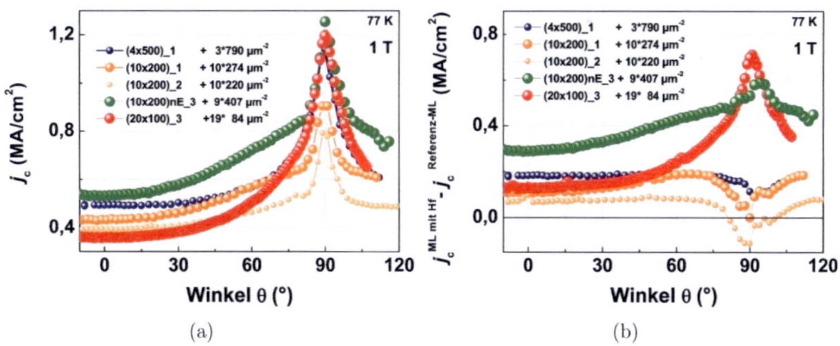

Abb. 7.14: (a) Vergleich der Feldrichtungsabhängigkeit der kritischen Stromdichte für Multilagen mit HfO_2-Partikeln bei $\mu_0 H = 1$ T. (b) Differenz $\Delta j_c(\theta)$ zwischen Multilage mit Partikeln und Referenzmultilage bei $\mu_0 H = 1$ T.

Diskussion möglicher Ursachen des $j_c(\theta, H)$-Verhaltens der Multilagen

Die Interpretation des $j_c(\theta, H)$-Verhaltens der Multilagen mit dem Anisotropie-Skalierungs-Ansatz von Blatter *et al.* [Bla92] (Kapitel 2.2.2) liefert für alle Multilagen (mit und ohne Partikel) die größte Überlagerung der $j_c(H_{eff})$-Kurven für eine effektive Anisotropie von $\gamma_{eff} \approx 2$.[6] Dies ist in Abbildung 7.15 exemplarisch für eine Multilage mit HfO_2-Partikeln und ihre Referenzmultilagen dargestellt. Llordés *et al.* [Llo12] haben anhand von Hochfeldmessungen an CSD-$YBa_2Cu_3O_{7-\delta}$-Dünnschichten mit Nanopartikeln nachgewiesen, dass die intrinsische elektronische Massenanisotropie der $YBa_2Cu_3O_{7-\delta}$-Matrix mit $\gamma \approx 6$ erhalten bleibt, auch wenn der Skalierungsfaktor γ_{eff} deutlich niedriger ist. Ein Skalierungsfaktor von $\gamma_{eff} \approx 2$ wird als typisch für $YBa_2Cu_3O_{7-\delta}$-Dünnschichten mit stark pinnenden Nanopartikeln angesehen [Gut07, Pui08, Mai09].

Puig *et al.* [Pui08] beobachten an CSD-$YBa_2Cu_3O_{7-\delta}$–Dünnschichten mit inkohärent eingebauten $BaZrO_3$-Nanopartikeln, dass γ_{eff} mit steigendem Fremdphasenanteil kontinuierlich von $\gamma_{eff} = 7$ auf $\gamma_{eff} = 1$ abnimmt. Puig *et al.* [Pui08] und Llordés *et al.* [Llo12] machen Verspannungen in der Umgebung der Grenzfläche zwischen diesen Partikeln und der $YBa_2Cu_3O_{7-\delta}$-Matrix für die Reduktion von γ_{eff} verantwortlich.[7] Für effektives Pinning ist in diesem Erklärungsansatz nicht die Zusammensetzung oder der Gehalt der Fremdphase ausschlaggebend, sondern die Dichte des erzeugten Verspannungsnetzwerkes, die ihrerseits vom Anteil inkohärenter Genzflächen und zusätzlich eingebauter CuO-Ebenen bestimmt wird.

Die Multilagen mit IGK-Nanopartikeln zeigen sowohl texturiert eingebaute Partikel als auch solche, die keine einheitliche Orientierungsbeziehung zur $YBa_2Cu_3O_{7-\delta}$-Matrix haben

[6] Eine effektive Anisotropie von $\gamma_{eff} \approx 2$ bedeutet, dass sich die kritische Stromdichte von $YBa_2Cu_3O_{7-\delta}$-Dünnschichten mit Partikeln ähnlich isotrop verhält, wie in einem Supraleiter mit einem Anisotropieverhältnis von 2.

[7] Umfangreiche Untersuchungen von Llordés *et al.* [Llo12, Pui08, Gut07] an CSD-$YBa_2Cu_3O_{7-\delta}$–Dünnschichten mit verschiedenen Partikelmaterialien (u. a. Y_2O_3, $BaZrO_3$, $BaCeO_3$) legen folgendes Szenario nahe: TEM-Analysen zeigen inkohärente Grenzflächen zwischen der $YBa_2Cu_3O_{7-\delta}$-Matrix und Nanopartikeln, die keine eindeutige Orientierungsbeziehung zur Matrix aufweisen. An derartigen Grenzflächen werden bevorzugt zusätzliche CuO-Ketten-Ebenen (*Cu-O chain-layer*) bzw. $Y_2Ba_4Cu_8O_{16}$-Regionen ins $YBa_2Cu_3O_{7-\delta}$-Gitter eingebaut. Diese Stapelfehler führen in der Nähe der Partikel zu einer Verbiegung der (001)-Ebenen der $YBa_2Cu_3O_{7-\delta}$-Matrix und erzeugen lokal 3-dimensionale inhomogen-hochverspannte Bereiche im $YBa_2Cu_3O_{7-\delta}$-Gitter. Der röntgenographisch ermittelte Anteil derartiger Verspannungszustände korreliert unabhängig vom Partikelmaterial mit der Erhöhung des isotropen Anteils der Pinningkraftdichte und der Reduktion des Skalierungsfaktors γ_{eff}. Daraus schließen die Autoren, dass die Erhöhung der Pinningkraftdichte und die Verringerung der Anisotropie in $YBa_2Cu_3O_{7-\delta}$-Dünnschichten mit Nanopartikeln auf ein feines, weitverzweigtes 3-dimensionales Netzwerk von Spannungen im nm-Bereich (*nano-strain* [Llo12]) zurückzuführen ist, das eine quasi-isotrope Landschaft pinnender Defekte erzeugt. Als zugrunde liegender Pinningmechanismus wird die Behinderung der Cooper-Paar-Bildung in zugverspannten Gitterbereichen nach dem *bond-contraction pairing model* [Deu07] vorgeschlagen.

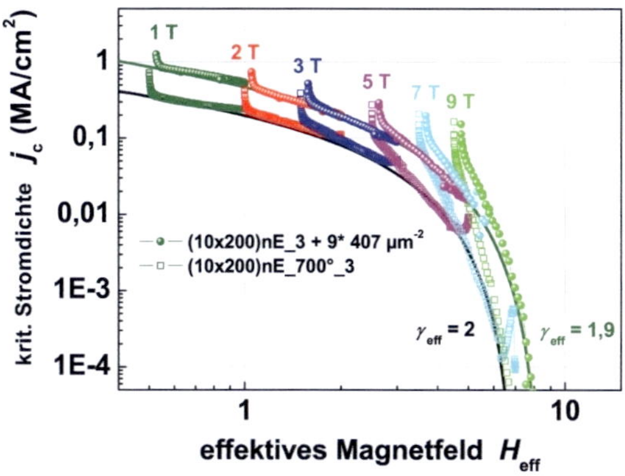

Abb. 7.15: Blatter-Skalierung von $j_c(H, \theta)$ einer Multilage mit HfO_2-Partikeln und ihrer Referenz mit Gleichung 2.8. Für eine effektive Anisotropie $\gamma_{eff} \approx 2$ liegen die $j_c(H_{eff})$-Kurven einer Multilagen auf einer Funktion, die sich durch die verallgemeinerte Kramer-Gleichung beschreiben lässt (Gleichung 2.6 [Zue08]).

(Abbildung 7.4(b)). Über die Natur der Grenzfläche zwischen diesen Partikeln und der $YBa_2Cu_3O_{7-\delta}$-Matrix kann auf der Grundlage der vorliegenden TEM-Bilder keine Aussage getroffen werden. Hierfür sind weiterführende HR-TEM-Untersuchungen erforderlich. Die Ähnlichkeit des Skalierungsfaktors γ_{eff} allein lässt keine Rückschlüsse darauf zu, wie die Defektlandschaft in $YBa_2Cu_3O_{7-\delta}$-Multilagen mit IGK-HfO_2-Nanopartikeln aussieht. Im Vergleich zu CSD-Dünnschichten ist die Erhöhung der Pinningkraftdichte durch die IGK-Partikel gering und der Verlauf von $j_c(\theta)$ weniger isotrop [Llo12, Erb12]. Das heißt, dass im untersuchten Parameterbereich durch die IGK-Partikel und das Verfahren der Multilagenherstellung weniger Sekundärdefekte im $YBa_2Cu_3O_{7-\delta}$ erzeugt werden als in den zitierten CSD-Schichten.

Dass die Multilagen ohne Partikel ebenfalls mit einem $\gamma_{eff} \approx 2$ skalieren, könnte ein Indiz dafür sein, dass die Ursache für die Reduktion von γ_{eff} nicht zwingend ein partikelinduzierter Effekt sein muss. Foltyn *et al.* [Fol09] erklären beispielsweise die feldrichtungsunabhängige Erhöhung von j_c in heteroepitaktischen Multilagen damit, dass sich an den Grenzflächen ein Netzwerk von Anpassungsversetzungen ausbildet, dessen Komponenten sowohl parallel a-b, als auch in Richtung der c-Achse als Pinningzentren wirken.

Folgt man der Argumentation des Vortexpfadmodells [Lon08] (Kapitel 2.2.2), so könnten die Schultern im $j_c(\theta, H)$-Verlauf aus einer erhöhten Anzahl möglicher Pinningpfade für bestimmte Feldrichtungen resultieren [Wim11b], die sich aus dem Zusammenspiel von *ab*-Defekten, Nanopartikeln und partikelinduzierten Defekten ergeben. Die Defektlandschaft, die zum Auftreten der Schulter führt, wäre dann mit einem geometrischen Faktor verknüpft, der sich aus der Partikelverteilung in der $YBa_2Cu_3O_{7-\delta}$-Matrix, d. h. einer Kombination aus Zwischenlagendicke, Partikeldurchmesser und Belegdichte ergibt. Für den Nachweis eines derartigen Zusammenhanges ist zukünftig zum einen eine vertiefte mikrostrukturelle Analyse der Multilagen nötig, die Aufschluss über Natur und Anordnung der pinnenden Defekte gibt. Zum anderen bedarf es weiterer Vergleichsdaten, die es erlauben, die Skalierungsparameter des Vortexpfadmodells mit einer bestimmten Defektlandschaft zu korrelieren.

Aus den Ergebnissen der Feldrichtungsabhängigkeit der kritischen Stromdichte $j_c(\theta)$ folgt auch, dass der Einfluss der Partikeleigenschaften nur an Proben mit gleicher Herstellungsgeschichte quantifiziert werden kann. Dies gilt selbst dann, wenn die Multilagen ohne Partikel ein ähnliches Eigenschaftsprofil zeigen, obwohl sie auf unterschiedlichen Verfahrenswegen hergestellt wurden (siehe Kapitel 6). Feldmann *et al.* [Fel07] haben gezeigt, dass die Defektlandschaft in $YBa_2Cu_3O_{7-\delta}$, d. h. die Dichte korrelierter und unkorrelierter Defekte, allein durch die Änderung von Depositionstemperatur und -druck drastisch modifiziert werden kann. Somit ist davon auszugehen, dass in den untersuchten Multilagen die Bildung und Vernichtung von partikelinduzierten Defekten (z. B. Stapelfehler, Versetzungen und Spannungen an Grenzflächen) ebenfalls von den Prozessparametern während der $YBa_2Cu_3O_{7-\delta}$-Multilagenherstellung abhängig sind.

Fazit

Durch die Nanopartikel können zusätzliche Defekte in die $YBa_2Cu_3O_{7-\delta}$-Schicht eingebracht werden, die zu einer Erhöhung von j_c in einem weiten Winkelbereich führen. Ein quantitativer Vergleich der Eigenschaften von Proben mit Nanopartikeln ist nur für Multilagen mit gleicher Herstellungsgeschichte möglich, da auch die partikelinduzierte Defektlandschaft im $YBa_2Cu_3O_{7-\delta}$ entscheidend von den Abscheidebedingungen beeinflusst wird. In die Multilagen eingebrachte Nanopartikel führen nur dann zur Erzeugung wirkungsvoller Pinningzentren, wenn die $YBa_2Cu_3O_{7-\delta}$-Abscheidebedingungen und der Verfahrensweg der Multilagenherstellung die Ausbildung einer geeigneten Defektlandschaft unterstützen.

7.3 Multilagen mit FePt-Partikeln

7.3.1 Einbau der FePt-Partikel in die $YBa_2Cu_3O_{7-\delta}$-Matrix

Die Röntgenbeugungsdaten der Multilagen mit FePt-Partikeln zeigen die für YBCO, $SrTiO_3$ und Y_2O_3 charakteristischen Reflexe (Abbildung 7.16). Die Intensität des Y_2O_3 (004)-Reflexes ist jedoch in den FePt-haltigen Multilagen abgeschwächt. Darüber hinaus treten 5 weitere Reflexe auf, die nicht eindeutig einer Phase zugeordnet werden können. Die Abnahme der Intensität des (004)-Reflexes von Y_2O_3 spricht dafür, dass sich eine zusätzliche Phase unter Beteiligung von Y und O bildet. Die größte Übereinstimmung ergibt sich für Yttrium-Eisen-Granat $Fe_5Y_3O_{12}$ [ICDD pdf 00-043-0507] und $YBaFe_2O_5$ [ICDD pdf 01-070-997]. Es kommen neben FePt jedoch auch zahlreiche andere oxidische Verbindungen von Fe und/oder Pt mit Y, Ba und Cu in Frage.
In der TEM-Aufnahme der Multilage (10×200)_2 + 10*6600 μm^{-2} (v_P = 1,7 %) können die Partikel in der $YBa_2Cu_3O_{7-\delta}$-Matrix eindeutig identifiziert und den einzelnen Lagen zugeordnet werden (Abbildung 7.17(a)). Infolge der Reaktion zwischen Partikelmaterial und $YBa_2Cu_3O_{7-\delta}$ vergrößert sich der Durchmesser eines Teils der Partikel von ursprünglich 5 nm auf dem Referenz-TEM-Netzchen (Abbildung 3.6) auf ungefähr 12 nm im YBCO.
Die $YBa_2Cu_3O_{7-\delta}$-Multilagen mit FePt-Partikeln zeigen ähnlich wie bei HfO_2 eine andere Oberflächentopographie mit einer höheren Lochdichte als die Referenzmultilagen (Abbildung 7.17(b)).

7.3.2 Einfluss der FePt-Partikel auf die elektrischen Eigenschaften von $YBa_2Cu_3O_{7-\delta}$

Alle Multilagen mit FePt-Nanopartikeln zeigen einen supraleitenden Übergang oberhalb von 90 K (Abbildung 7.18 (a)). Für die Multilage mit dem geringeren FePt-Gehalt von v_P = 0,53 % ist T_c gegenüber der Referenzmultilage um 0,5 K erhöht. In der Multilage (10×200) + 10*3300 μm^{-2} mit v_P = 0,8 % ist T_c um 0,5 K niedriger als in einer vergleichbaren Multilage ohne Partikel. Die Übergangsbreite der dargestellten Multilagen mit Partikeln ist mit ΔT_c = 0,6 bis 1 K etwas breiter als in den Referenzschichten (ΔT_c = 0,5 K). Im Vergleich zu $YBa_2Cu_3O_{7-\delta}$-Dünnschichten mit $YFeO_3$-Nanopartikeln [Wim10] sind diese T_c-Werte unerwartet hoch. Wimbush *et al.* [Wim10] beobachten an $YBa_2Cu_3O_{7-\delta}$-Dünnschichten mit einer vergleichbaren Konzentration von 5 mol% PLD-$YFeO_3$-Nanopartikeln einen T_c-Abfall von 3 K im Vergleich zu einer undotierten Schicht.

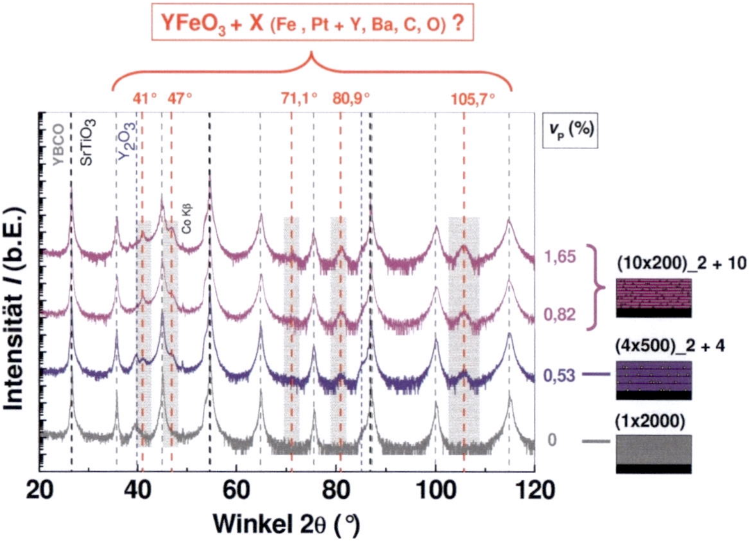

Abb. 7.16: XRD der Multilagen mit Partikeln. Die FePt-Partikel bilden in Verbindung mit $YBa_2Cu_3O_{7-\delta}$ zusätzliche Phasen, die nicht eindeutig identifiziert werden können. Ein Partikelvolumenanteil von $v_P = 1\%$ entspricht etwa 6 mol% FePt bezüglich YBCO.

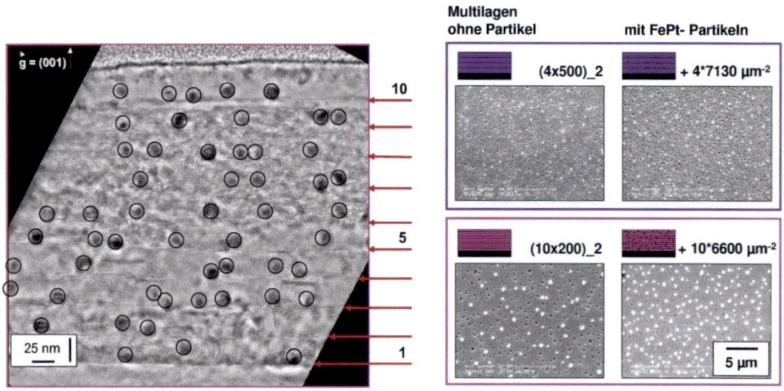

(a) (b)

Abb. 7.17: (a) TEM-Aufnahme einer $YBa_2Cu_3O_{7-\delta}$-Multilage mit $v_P = 1{,}7$ % FePt-Partikeln (10×200)_2 + 10*6600 μm^{-2}. Die Partikel sind lagenweise angeordnet und haben in der $YBa_2Cu_3O_{7-\delta}$-Matrix einen Durchmesser von etwa 12 nm. (b) Vergleich der Topographie von Multilagen mit und ohne FePt-Partikel im REM.

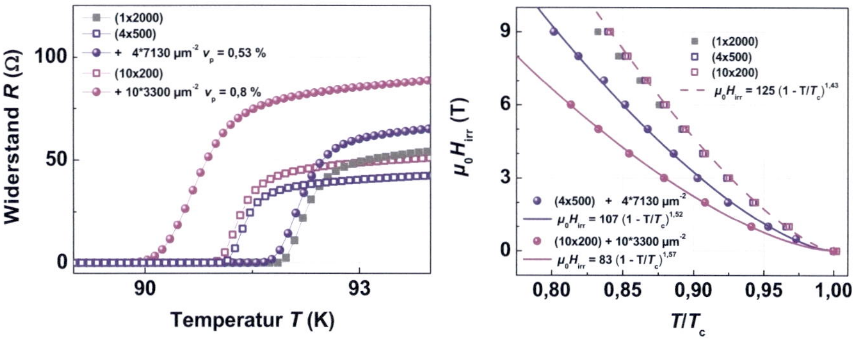

(a) (b)

Abb. 7.18: (a) Die kritische Temperatur der Multilagen wird durch die FePt-Partikel um weniger als 1 K verändert. (b) Das normierte Irreversibilitätsfeld $H_{\text{irr}}(\text{T}/T_{\text{c}})$ wird durch die Einbringung der FePt-Partikel in die Multilagen verringert.

Die relative geringe Reduktion von T_{c} ist kein Indiz dafür, dass das Fe nicht in die $YBa_2Cu_3O_{7-\delta}$-Matrix diffundiert ist. Eisen substituiert zwar Cu im $YBa_2Cu_3O_{7-\delta}$ und führt mit steigender Konzentration zu einer starken Absenkung von T_{c}, dieser T_{c}-Abfall wird jedoch in $YBa_2(Cu_{1-x}Fe_x)_3O_{7-\delta}$ erst ab x = 0,02 beobachtet [Ull90]. Selbst wenn das Eisen in einer Multilage mit v_{P} = 0,8 % vollständig ins $YBa_2Cu_3O_{7-\delta}$ diffundieren würde, wäre x ≈ 0,017 und damit der Gehalt an Eisen in der Probe insgesamt zu gering, um aus T_{c} Rückschlüsse auf die lokale Verteilung von Fe in der Multilage zu ziehen.

Die Irreversibilitätskennlinien der Multilagen (Abbildung 7.18(b)) zeigen einen deutlichen Abfall von $H_{\text{irr}}(T/T_{\text{c}})$ mit steigendem FePt-Partikelgehalt bzw. gleichmäßigerer Verteilung der Partikel in der Multilage, obwohl sich die kritische Temperatur T_{c} nicht wesentlich ändert. $H_{\text{irr}}(T/T_{\text{c}})$ kann auch für diese Multilagen mit einem Potenzgesetz (Gleichung 7.3) angenähert werden. Der Exponent q liegt für die Multilagen mit FePt mit 1,55 ± 0,3 etwas höher als in den Referenzmultilagen. Wie bei den Multilagen mit HfO_2-Partikeln wird davon ausgegangen, dass die Eigenschaften des Flussliniengitters hier hauptsächlich durch den Übergang vom Vortexglas zur Vortexflüssigkeit [Koc89] und durch thermisch aktiviertes Flusskriechen [Yes88] bestimmt werden. Die Ursache für die vergleichsweise niedrigen Irreversibilitätsfelder ist unklar, eventuell begünstigen die Fe-haltigen Fremdphasen das Schmelzen des Flussliniengitters bzw. den Übergang vom Vortexglas zur Vortexflüssigkeit.

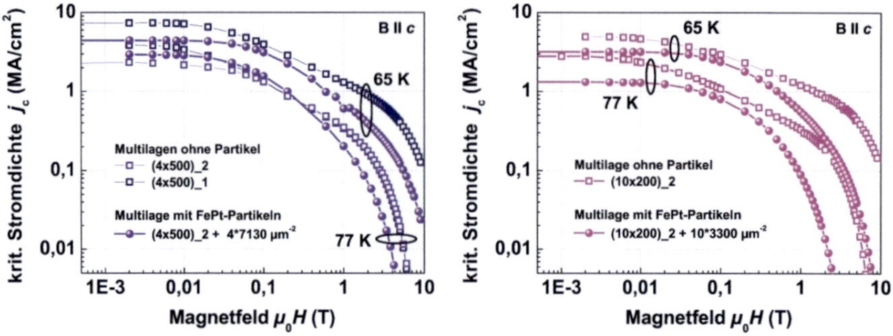

(a) (b)

Abb. 7.19: Kritische Stromdichte j_c der Multilagen mit und ohne FePt-Partikel im Magnetfeld bei 77 K und 65 K.

Abbildung 7.19 zeigt den Verlauf der kritische Stromdichte j_c der Multilagen als Funktion des Magnetfeldes bei 65 K und 77 K. Die Multilagen mit FePt-Partikeln haben im Eigenfeld eine kritische Stromdichte $j_{c\ sf} \geq 1$ MA/cm^2. Der $j_c(\mu_0 H)$-Verlauf liegt jedoch weitgehend unterhalb dem der Referenzmultilagen. Dies liegt auch am vergleichsweise niedrigen Irreversibilitätsfeld der Multilagen mit Fe-Pt-Partikeln. Allein in der Multilage (4×500) + 4*7130 μm^{-2} mit $v_P = 0{,}53$ % ist $j_c(\mu_0 H < 0{,}1$ T) bei 77 K etwas höher als in der Referenzmultilage. Eine Normierung der Daten über H_{irr} führt nicht zu einer qualitativen Änderung der Lage der Kurvenverläufe zueinander. Gleiches gilt für die Messung von $j_c(\mu_0 H)$ bei einer reduzierten Temperatur T/T_c von 0,84.

Ähnlich wie in Multilagen mit HfO_2-Partikeln ist auch in der Multilage (10×200) + 10*3300 μm^{-2} mit $v_P = 0{,}8$ % FePt $j_c(\mu_0 H)$ so stark gekrümmt, dass kein Bereich mit einer potenzgesetzartigen Abhängigkeit von j_c von H existiert (Abbildung 7.19(b)). Dieses Verhalten scheint, unabhängig vom Partikelmaterial, typisch für $YBa_2Cu_3O_{7-\delta}$-Dünnschichten mit IGK-Nanopartikeln zu sein. Die für HfO_2-Partikel vermutete Korrelation zwischen der Lage dieses gekrümmten Bereiches und der Belegdichte N ist hier nicht zu erkennen.

Im Vergleich zu Multilagen mit HfO_2-Nanopartikeln fällt auf, dass die Zugabe von HfO_2-Partikeln zu einer Erhöhung von j_c zwischen $\mu_0 H = 10^{-3}$ T und $\mu_0 H = 3$ T führt. Diese Erhöhung basiert auf dem Anstieg von $j_{c\ sf}$ und der Absenkung der Feldabhängigkeit der kritischen Stromdichte, die sich in der Verminderung von α in diesem Bereich zeigt. Die Zugabe von FePt-Partikeln hingegen erhöht j_c, wenn überhaupt, nur in kleinen magnetischen Feldern unterhalb von 0,3 T. Zudem ist die Feldabhängigkeit α und für $v_P = 0{,}8$ % auch das Akkomodationsfeld größer als in den Referenzmultilagen.

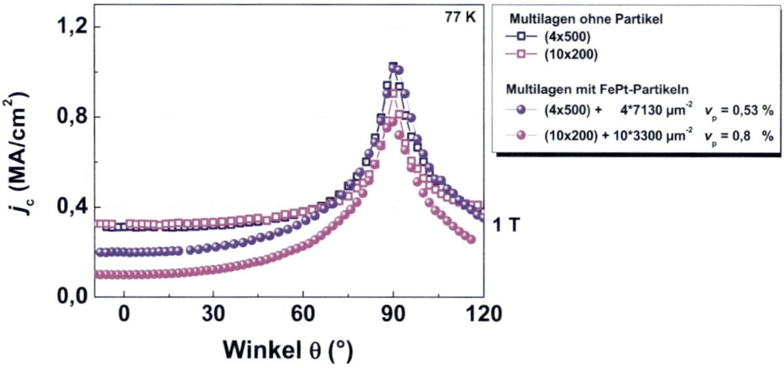

Abb. 7.20: Feldrichtungsabhängigkeit $j_c(\theta,\ \mu_0 H)$ der Multilagen mit FePt-Partikeln und ihrer Referenzmultilagen für $\mu_0 H = 1$ T und 77 K.

Wimbush *et al.* [Wim10] beobachten an $YBa_2Cu_3O_{7-\delta}$-Dünnschichten mit $YFeO_3$-Nanopartikeln ebenfalls eine Erhöhung von j_c für geringe $YFeO_3$-Konzentrationen und einen Abfall von H_{irr} und j_c für einen hohen Fremdphasenanteil ($YFeO_3$ < 3 mol%). Die starke Krümmung des $j_c(\mu_0 H)$-Verlaufes tritt in Dünnschichten mit PLD-$YFeO_3$-Partikeln jedoch nicht auf.

Nach Blamire *et al.* [Bla09] kann magnetisches Pinning nur in kleinen Magnetfeldern H auftreten, weil es von der begrenzten Sättigungsmagnetisierung der Partikel bestimmt wird. Die Partikel werden erst dann magnetisiert, wenn sich eine magnetische Flusslinie in ihrer Nähe befindet. Die Verringerung des Flusses in den Flusslinien und damit die Absenkung der Lorentzkraft ist also ein Phänomen, das auf der Wechselwirkung einer Flusslinie mit einzelnen Defekten in ihrer Umgebung beruht und folglich hauptsächlich im Einzelvortexbereich ($H \leq H^*$) wirksam sein sollte.

Die beobachtete, leichte Erhöhung von j_c der Multilage (4×500) + 4*7130 μm^{-2} mit v_P = 0,53 % könnte demnach durch einen Anteil magnetischen Pinnings beeinflusst sein. Leider kann die Magnetisierung der im $YBa_2Cu_3O_{7-\delta}$ eingebauten Partikel nicht zuverlässig bestimmt werden, weil sie aufgrund des geringen Volumenanteils an potentiell magnetischem Material in den untersuchten $YBa_2Cu_3O_{7-\delta}$-Dünnschichten im Bereich der Nachweisgrenze des Vibrationsmagnetometers (*Vibrating Sample Magnetometer; VSM*) liegt.

Die Feldrichtungsabhängigkeit $j_c(\theta,\ \mu_0 H)$ der Multilagen mit FePt-Partikeln und ihrer Referenzmultilagen ist in Abbildung 7.20 für $\mu_0 H = 1$ T und 77 K dargestellt. Für $H \parallel c$-Achse ($\theta = 0°\pm 10°$) entspricht j_c den bereits diskutierten Werten der $j_c(\mu_0 H)$-Messung. In diesem Winkelbereich verläuft $j_c(\theta)$ in Multilagen mit und ohne Partikel nahezu unabhängig vom

Winkel θ. Im Bereich von $\theta = 10° - 80°$ folgen beide Multilagen mit FePt-Partikeln dem konvexen Kurvenverlauf der Referenzmultilagen. Im Unterschied zu Multilagen mit HfO_2-Partikeln ist j_c für die Multilagen mit FePt-Partikeln in diesem Winkelbereich deutlich niedriger als in den Referenzmultilagen. Das j_c-Maximum bei $\theta = 90°$ hat in den Multilagen ohne und mit FePt-Partikeln nahezu gleiche Werte. Diesbezüglich zeigen die mit dem Abkühlverlauf ② hergestellten Multilagen mit FePt-Partikeln ein ähnliches Verhalten wie die Multilagen mit HfO_2–Partikeln, die mit dem Abkühlverlauf ① oder ② hergestellt wurden (siehe Abbildung 7.13 (a) und (b)).

Fazit

Es wurde gezeigt, dass FePt-Partikel unter den verwendeten Herstellungsbedingungen in $YBa_2Cu_3O_{7-\delta}$-Multilagen nicht stabil eingebaut werden können, sondern zumeist oxidische Verbindungen von Fe und/oder Pt mit Y, Ba und Cu bilden. Diese Verbindungen liegen als Partikel vor und können im TEM den einzelnen Depositionslagen zugeordnet werden. Der Einfluss der Partikel auf T_c ist nicht eindeutig und scheint vom Volumenanteil und/oder der Partikelverteilung abzuhängen. Es wird eine starke Absenkung der Irreversibilitätskennlinie beobachtet, die mit wachsendem Fremdphasenanteil zunimmt. Dennoch kann j_c bei einem geringen Partikelgehalt in kleinen Magnetfeldern erhöht werden. Ob es sich dabei um einen magnetischen Pinning-Effekt handelt, ist für die geringen Partikelvolumenanteile nicht bestimmbar. Aufgrund der komplexen Reaktion zwischen FePt und $YBa_2Cu_3O_{7-\delta}$ erscheint eine weitere Untersuchung magnetischer Pinningzentren mit einem anderen Partikelmaterial erfolgversprechender. In Frage kommt hierfür beispielsweise das von Wimbusch *et al.* [Wim10] verwendete $YFeO_3$. Prinzipiell lassen sich auch größenkontrollierte Partikel dieses Oxides durch die Inertgaskondensation erzeugen und in $YBa_2Cu_3O_{7-\delta}$-Dünnschichten einbauen.

8 Zusammenfassung und Ausblick

Die Kontrolle und die gezielte Variation der Eigenschaften von Nanopartikeln ist eine zentrale Herausforderung bei der Erforschung partikelinduzierter Defekte in $YBa_2Cu_3O_{7-\delta}$. In dieser Dissertation wird mit der Inertgaskondensation (IGK) erstmals ein Verfahren zur Partikeleinbringung in PLD-Dünnschichten verwendet, das eine gezielte Einstellung der Partikelgröße und -dichte unabhängig voneinander und von der Schichtherstellung zulässt. Im Rahmen der Arbeit wurde eine kombinierte Sputter-PLD-Anlage konzipiert und aufgebaut, mit der Nanopartikel im Inertgasstrom synthetisiert und in $YBa_2Cu_3O_{7-\delta}$-Multilagen eingebracht werden können. Die Partikel wachsen in der Sputterkammer des Systems und werden anschließend über differentielles Pumpen an einem Doppelblendensystem in die Depositionskammer injiziert, in der auch die Schichtabscheidung mittels PLD stattfindet. Da die beiden Teilprozesse konträre Anforderungen an den O_2-Partialdruck stellen, wurde ein sequentielles Depositionsverfahren entwickelt, in dem IGK und PLD abwechselnd stattfinden. Während der IGK wird die Depositionskammer von 0,4 mbar O_2 auf $p \leq 10^{-3}$ mbar evakuiert. Damit die $YBa_2Cu_3O_{7-\delta}$-Schicht unter diesen Bedingungen nicht degeneriert, ist eine Absenkung der Schichttemperatur nach der PLD erforderlich. Die $YBa_2Cu_3O_{7-\delta}$-Schicht durchläuft so während der Multilagenherstellung mehrere Druck-Temperatur-Wechselzyklen.

Anhand von Multilagen *ohne* Nanopartikel wird gezeigt, dass sich Druck und Temperatur während der IGK nicht auf Epitaxie und Phasenbildung der $YBa_2Cu_3O_{7-\delta}$-Multilagen auswirken. Der Abkühlverlauf beeinflusst jedoch die elektrischen Eigenschaften der Multilagen. Werden die $YBa_2Cu_3O_{7-\delta}$-Schichten im Prozess wiederholt soweit abgekühlt, dass die tetragonal-orthorhombische Phasenumwandlungslinie überschritten wird, dann ist die Pinningkraftdichte f_p im Vergleich zu einer Einfachlage erhöht und T_c reduziert. Erfolgt die IGK bei höheren Drücken und Temperaturen, so wird ein umgekehrter Effekt beobachtet. Erklärt wird dieses Verhalten mit der Überlagerung zweier konkurrierender Prozesse. Der Erhöhung von Ladungsträger- und Defektdichte infolge der wiederholten Phasenumwandlung wirkt die Defektausheilung durch die lange Verweilzeit der Multilagen bei hohen Temperaturen entgegen. Aufgrund dieser Abhängigkeit der elektrischen Eigenschaften vom

Abkühlverlauf kann der Einfluss von Nanopartikeln auf die Defektbildung nur im Vergleich zu Multilagen mit gleicher Herstellungsgeschichte bewertet werden.

Aufbauend auf diesen Ergebnissen wurde der Einfluss von HfO_2- oder FePt-Nanopartikeln auf die Eigenschaften der $YBa_2Cu_3O_{7-\delta}$-Multilagen untersucht. HfO_2 wird häufig zur Defekterzeugung in $YBa_2Cu_3O_{7-\delta}$ verwendet und lässt sich gut im TEM abbilden. FePt-Nanopartikel werden aufgrund ihrer überragenden magnetischen Eigenschaften im Hinblick auf eine Eignung als magnetische Pinningzentren untersucht. Die verwendeten HfO_2-Partikel wurden mit einem mittleren Durchmesser zwischen $d_P = 5$ nm und 12 nm in $YBa_2Cu_3O_{7-\delta}$-Multilagen mit 4 bis 20 Zwischenlagen eingebracht. Der Durchmesser der FePt-Partikel beträgt $d_P = 5$ nm. Die Partikeldichte wurde zwischen 1000 und 260000 Partikeln pro μm^3 variiert.
Die HfO_2-IGK-Partikel reagieren mit $YBa_2Cu_3O_{7-\delta}$ zu $BaHfO_3$-Partikeln, die teilweise texturiert in der $YBa_2Cu_3O_{7-\delta}$-Matrix vorliegen. TEM-Untersuchungen an FIB-Querschnittslamellen zeigen, dass die einzelnen Partikel nicht über die Zwischenlagen hinweg miteinander korreliert sind.
In IGK-PLD-Multilagen mit HfO_2-Partikeln ist die Reduktion der kritischen Temperatur T_c und die Verbreiterung des Übergangs ΔT_c geringer als in PLD-Quasimultilagen mit vergleichbarem Partikelvolumenanteil v_P. Verantwortlich für diesen Unterschied ist wahrscheinlich der größere interpartikuläre Abstand in den IGK-PLD-Multilagen, durch den sich eine lokale T_c-Reduktion in der Umgebung der Partikel weniger stark auf das globale T_c der Dünnschicht auswirkt.
Ein Partikelvolumenanteil $v_P > 2$ % in Kombination mit einer hohen Belegdichte wirkt sich nachteilig auf die supraleitenden Eigenschaften der $YBa_2Cu_3O_{7-\delta}$-Multilage aus. Ursächlich hierfür können sowohl eine gestörte Epitaxie an den Grenzflächen als auch der hohe Fremdphasenanteil sein.
Multilagen mit IGK-HfO_2-Nanopartikeln $v_P < 2$ % haben eine bis zu zweimal höhere effektive Pinningkraftdichte als ihre Referenzmultilagen ohne Partikel. Die durch die Partikel induzierten Defekte tragen vor allem in kleinen Magnetfeldern $\mu_0 H < 3$ T zur Verbesserung der elektrischen Eigenschaften bei.
Die Feldrichtungsabhängigkeit der kritischen Stromdichte wird in komplexer Weise von der Multilagenarchitektur, den Partikeleigenschaften und vom Abkühlverlauf beeinflusst. Durch die HfO_2-Partikel wird $j_c(\theta)$ für $\mu_0 H$ zwischen 1 T und 3 T in einem breiten Winkelbereich erhöht. Im Bereich von $\theta = 10°$- $80°$ zeigt ein Teil der Multilagen mit HfO_2-Partikeln eine ausgeprägte Schulter.
Aus dem Vergleich mit Literaturdaten wird abgeleitet, dass die Defektlandschaft in den

HfO_2-$YBa_2Cu_3O_{7-\delta}$-Multilagen von einem Zusammenspiel aus geometrischen Faktoren (Zwischenlagendicke, Partikeldurchmesser und Belegdichte) und verfahrensabhängigen Einflüssen (Druck und Temperatur während der $YBa_2Cu_3O_{7-\delta}$-Deposition) bestimmt wird. Daraus folgt, dass in Multilagen eingebrachte Nanopartikel nur dann zur Erzeugung wirkungsvoller Pinningzentren führen, wenn die $YBa_2Cu_3O_{7-\delta}$-Abscheidebedingungen und der Verfahrensweg der Multilagenherstellung die Ausbildung einer geeigneten Defektlandschaft unterstützen.

Die FePt-Partikel bleiben unter den verwendeten Herstellungsbedingungen in $YBa_2Cu_3O_{7-\delta}$-Multilagen nicht stabil. Es bilden sich oxidische Verbindungen, die in TEM-Aufnahmen als Partikel identifiziert und den einzelnen Depositionslagen zugeordnet werden können. Der Einfluss der Partikel auf T_c ist gering und hängt vom Volumenanteil und/oder der Partikelverteilung ab. Die Irreversibilitätskennlinie sinkt hingegen mit wachsendem Fremdphasenanteil deutlich. Ähnlich wie in $YBa_2Cu_3O_{7-\delta}$-Dünnschichten mit $YFeO_3$-Ausscheidungen [Wim10] ist nicht nachweisbar, ob die beobachtete Erhöhung von j_c in kleinen Feldern auf einen magnetischen Pinning-Effekt zurückzuführen ist. Infolge der komplexen Reaktion zwischen FePt und $YBa_2Cu_3O_{7-\delta}$ erscheint eine weitere Untersuchung magnetischer Pinningzentren mit einem anderen magnetischen Partikelmaterial erfolgversprechender.

Die strukturellen und elektrischen Eigenschaften von $YBa_2Cu_3O_{7-\delta}$-Multilagen mit und ohne Partikel sind in komplexer Weise von den Partikeleigenschaften und vom Verfahrensweg der Multilagenherstellung abhängig. Wenn es in nachfolgenden Arbeiten gelingt, die pinnenden Defekte in den Multilagen mit geeigneten transmissionselektronischen Verfahren zu identifizieren, dann können diese mit dem jeweiligen Herstellungsverlauf und den Partikeleigenschaften korreliert werden. Der offensichtliche Vorteil von IGK-Partikeln besteht in diesem Zusammenhang darin, dass ihre primären Eigenschaften umfassend charakterisiert und unabhängig vom Verlauf der Multilagenherstellung variiert werden können.
Für einen weiterreichenden Vergleich mit PLD-Multilagen ist eine Erhöhung der Zwischenlagenzahl von derzeit 20 auf 50 bis 100 Lagen wünschenswert. Im bestehenden System wird die herstellbare Lagenzahl durch die Prozessdauer eingeschränkt. Eine Verringerung der Präparationszeit könnte durch eine weitere Automatisierung der Sputter-PLD-Anlage mit integrierter Prozesskontrolle erreicht werden. Denkbar ist auch die Verwendung eines gekapselten Substratofens [Kin97], in dem der Sauerstoff nur lokal begrenzt an der $YBa_2Cu_3O_{7-\delta}$-Oberfläche angeboten wird. Je weiter der Druck-Temperaturbereich für ein stabiles Schichtwachstum an die Depositionsbedingungen der IGK-Partikel angenähert werden kann, desto schneller und flexibler wird das entwickelte Verfahren.

Literaturverzeichnis

[Abr57] A. A. Abrikosov. On the Magnetic Properties of Superconductors of the Second Group. *Soviet Physics JETP* **5**, 1174–1183 (1957)

[Ald66] T. H. Alden und J. D. Livingston. Ferromagnetic Particles in a Type-II Superconductor. *Journal of Applied Physics* **37**, 3551–3556 (1966)

[Ayt05] T. Aytug, M. Paranthaman, A.A. Gapud, S. Kang, H.M. Christen, K.J. Leonard, P.M. Martin, J.R. Thompson, D.K. Christen, R. Meng, I. Rusakova, C.W. Chu und T.H. Johansen. Enhancement of flux pinning and critical currents in $YBa_2Cu_3O_{7-\delta}$ films by nanoscale iridium pretreatment of substrate surfaces. *Journal of Applied Physics* **98**, 114309 (2005)

[Ayt06] T. Aytug, M. Paranthaman, K.J. Leonard, S. Kang, P.M. Martin, L. Heatherly, A. Goyal, A.O. Ijaduola, J.R. Thompson, D.K. Christen, R. Meng, I. Rusakova und C.W. Chu. Analysis of flux pinning in $YBa_2Cu_3O_{7-\delta}$ films by nanoparticle-modified substrate surfaces. *Physical Review B* **74** (2006)

[Bac07] E. Backen, J. Hänisch, R. Hühne, K. Tscharntke, S. Engel, T. Thersleff, L. Schultz und B. Holzapfel. Improved pinning in YBCO based quasi-multilayers prepared by on- and off-axis pulsed laser deposition. *IEEE Transactions on Applied Superconductivity* **17**, 3733–3736 (2007)

[Bar57] J. Bardeen, L. N. Cooper und J. R. Schrieffer. Theory of Superconductivity. *Physical Review* **108**, 1175–1204 (1957)

[Bed86] J. G. Bednorz und K. A. Müller. Possible High-T_c Superconductivity in the Ba-La-Cu-O System. *Zeitschrift Für Physik B - Condensed Matter* **64**, 189–193 (1986)

[Bla92] G. Blatter, V. B. Geshkenbein und A. I. Larkin. From Isotropic To Anisotropic Superconductors: A Scaling Approach. *Physical Review Letters* **68**, 875–878 (1992)

[Bla09] M. G. Blamire, R. B. Dinner, S. C. Wimbush und J. L. MacManus-Driscoll. Critical current enhancement by Lorentz force reduction in superconductor-ferromagnet nanocomposites. *Superconductor Science and Technology* **22**, 025017 (2009)

[Bra04] J. Brandenburg, V. Neu, H. Wendrock, B. Holzapfel, H. U. Krebs und S. Fähler. Pulsed laser deposition of metals: consequences of the energy distribution within the laser spot on film growth. *Applied Physics A-materials Science & Processing* **79**, 1005–1007 (2004)

[Buc04] W. Buckel und R. Kleiner. *Supraleitung: Grundlagen und Anwendungen.* Wiley-VCH Verlag GmbH & Co. KGaA; 6. Aufl. (2004)

[Bul00] L. N. Bulaevskii, E. M. Chudnovsky und M. P. Maley. Magnetic pinning in superconductor-ferromagnet multilayers. *Applied Physics Letters* **76**, 2594–2596 (2000)

[Bur30] H. C. Burger und P. H. van Cittert. Die Herstellung von Wismut-Antimon-Vakuumthermoelementen durch Verdampfung. *Zeitschrift für Physik A Hadrons and Nuclei* **66**, 210–217 (1930)

[Cai04a] C. Cai, B. Holzapfel, J. Hänisch, L. Fernández und L. Schultz. Magnetotransport and flux pinning characteristics in $RBa_2Cu_3O_{7-\delta}$ (R=Gd,Eu,Nd) and $(Gd_{1/3}Eu_{1/3}Nd_{1/3})Ba_2Cu_3O_{7-\delta}$ high-T_c superconducting thin films on $SrTiO_3$(100). *Physical Review B* **69**, 104531 (2004)

[Cai04b] C. Cai, B. Holzapfel, J. Hänisch und L. Schultz. Direct evidence for tailorable flux-pinning force and its anisotropy in $RBa_2Cu_3O_{7-\delta}$ multilayers. *Physical Review B* **70**, 2125011–2125014 (2004)

[Cai05] C. Cai, J. Hänisch, R. Hühne, V. Stehr, C. Mickel, T. Gemming und B. Holzapfel. Structural and magnetotransport properties of $YBa_2Cu_3O_{7-\delta}$ / Y_2O_3 quasimultilayers. *Journal of Applied Physics* **98**, 1239061–1239066 (2005)

[Cam72] A. M. Campbell und J. E. Evetts. Flux vortices and transport currents in type II superconductors. *Advances in Physics* **21**, 199–428 (1972)

[Cam05] T. A. Campbell, T. J. Haugan, I. Maartense, J. Murphy, L. Brunke und P. N. Barnes. Flux pinning effects of Y_2O_3 nanoparticulate dispersions in multilayered YBCO thin films. *Physica C* **423**, 1–8 (2005)

[Car93] A. Carrington, D. J. C. Walker, A. P. Mackenzie und J. R. Cooper. Halleffect and resistivity of oxygen-deficient $YBa_2Cu_3O_{7-\delta}$ thin films. *Physical Review B* **48**, 13051–13059 (1993)

[Civ91] L. Civale, M. W. McElfresh, A. D. Marwick, F. Holtzberg, C. Feild, J. R. Thompson und D. K. Christen. Scaling of the hysteretic magnetic-behavior in $YBa_2Cu_3O_{7-\delta}$ single-crystals. *Physical Review B* **43**, 13732–13735 (1991)

[Civ97] L. Civale. Vortex pinning and creep in high-temperature superconductors with columnar defects. *Superconductor Science and Technology* **10**, A11–A28 (1997)

[Civ04a] L. Civale, B. Maiorov, A. Serquis, S. R. Foltyn, Q. X. Jia, P. N. Arendt, H. Wang, J. O. Willis, J. Y. Coulter, T. G. Holesinger, J. L. MacManus-Driscoll, M. W. Rupich, W. Zhang und X. Li. Influence of crystalline texture on vortex pinning near the ab-plane in $YBa_2Cu_3O_7$ thin films and coated conductors. *Physica C: Superconductivity* **412-414**, 976–982 (2004)

[Civ04b] L. Civale, B. Maiorov, A. Serquis, J. O. Willis, J. Y. Coulter, H. Wang, Q. X. Jia, P. N. Arendt, M. Jaime, J. L. MacManus-Driscoll, M. P. Maley und S. R. Foltyn. Understanding high critical currents in $YBa_2Cu_3O_7$ thin films and coated conductors. *Journal of Low Temperature Physics* **135**, 87–98 (2004)

[Cri01] A. Crisan, S. Fujiwara, J. C. Nie, A. Sundaresan und H. Ihara. Sputtered nanodots: A costless method for inducing effective pinning centers in superconducting thin films. *Applied Physics Letters* **79**, 4547–4549 (2001)

[Dam95] B. Dam, J. Rector, M. F. Chang, S. Kars, D. G. Degroot und R. Griessen. The laser ablation threshold of $YBa_2Cu_3O_{6+x}$ as revealed by using projection optics. *Applied Surface Science* **86**, 13–17 (1995)

[Dam99] B. Dam, J. M. Huijbregtse, F. C. Klaassen, R. C. F. van der Geest, G. Doornbos, J. H. Rector, A. M. Testa, S. Freisem, J. C. Martinez, B. Stäuble-Pümpin und R. Griessen. Origin of high critical currents in $YBa_2Cu_3O_{7-\delta}$ superconducting thin films. *Nature* **399**, 439–442 (1999)

[Deu07] G. Deutscher und P.-G. de Gennes. A spatial interpretation of emerging superconductivity in lightly doped cuprates. *Comptes Rendus Physique* **8**, 937–941 (2007)

[DH74] D. Dew-Hughes. Flux pinning mechanisms in type II superconductors. *Philosophical Magazine* **30**, 293–305 (1974)

[Eng07] S. Engel, T. Thersleff, R. Hühne, L. Schultz und B. Holzapfel. Enhanced flux pinning in $YBa_2Cu_3O_7$ layers by the formation of nanosized $BaHfO_3$ precipitates using the chemical deposition method. *Applied Physics Letters* **90**, 102505 (2007)

[Erb12] M. Erbe. *Herstellung und Charakterisierung von supraleitenden MOD-CSD Nanokomposit-Dünnschichten.* laufende Dissertation Technische Universität Dresden (2012)

[Fee92] R. Feenstra, D. K. Christen, C. E. Klabunde und J. D. Budai. Role of oxygen vacancies in the flux-pinning mechanism, and hole-doping lattice disorder in high-current-density $YBa_2Cu_3O_{7-x}$ films. *Physical Review B* **45**, 7555–7558 (1992)

[Fel07] D. M. Feldmann, O. Ugurlu, B. Maiorov, L. Stan, T. G. Holesinger, L. Civale, S. R. Foltyn und Q. X. Jia. Influence of growth temperature on critical current and magnetic flux pinning structures in $YBa_2Cu_3O_{7-x}$. *Applied Physics Letters* **91**, 162501 (2007)

[Fel10] D. M. Feldmann, T. G. Holesinger, B. Maiorov, S. R. Foltyn, J. Y. Coulter und I. Apodaca. Improved flux pinning in $YBa_2Cu_3O_7$ with nanorods of the double perovskite Ba_2YNbO_6. *Superconductor Science and Technology* **23**, 095004 (2010)

[FGR03] L. I. Fernández Gómez-Recuero. *Grain boundary networks in RABiTS based $YBa_2Cu_3O_{7-\delta}$ coated conductors.* Dissertation Technische Universität Dresden (2003)

[Fla95] R. C. Flagan und M. Lunden. Particle structure control in nanoparticle synthesis from the vapor phase. *Materials Science and Engineering A* **204**, 113–124 (1995)

[Fol07] S. R. Foltyn, L. Civale, J. L. MacManus-Driscoll, Q. X. Jia, B. Maiorov, H. Wang und M. Maley. Materials science challenges for high-temperature superconducting wire. *Nature Materials* **6**, 631–642 (2007)

[Fol09] S. R. Foltyn, H. Wang, L. Civale, B. Maiorov und Q. X. Jia. The role of interfacial defects in enhancing the critical current density of $YBa_2Cu_3O_{7-\delta}$ coatings. *Superconductor Science and Technology* **22**, 125002 (2009)

[Fre12] T. Freudenberg. *Synthese und Integration prästabilisierter Nanopartikel in lösungsbasierte supraleitende $YBa_2Cu_3O_{7-\delta}$-Schichten.* laufende Dissertation Technische Universität Dresden (2012)

[Gal87] P. K. Gallagher, H. M. Obryan, S. A. Sunshine und D. W. Murphy. Oxygen stoichiometry in $Ba_{2y}Cu_3O_x$. *Materials Research Bulletin* **22**, 995–1006 (1987)

[Gap05] A. A. Gapud, D. Kumar, S. K. Viswanathan, C. Cantoni, M. Varela, J. Abiade, S. J. Pennycook und D. K. Christen. Enhancement of flux pinning in $YBa_2Cu_3O_{7-\delta}$ thin films embedded with epitaxially grown Y_2O_3 nanostructures using a multi-layering process. *Superconductor Science and Technology* **18**, 1502–1505 (2005)

[Goy05] A. Goyal, S. Kang, K. J. Leonard, P. M. Martin, A. A. Gapud, M. Varela, M. Paranthaman, A. O. Ijaduola, E. D. Specht, J. R. Thompson, D. K. Christen, S. J. Pennycook und F. A. List. Irradiation-free, columnar defects comprised of self-assembled nanodots and nanorods resulting in strongly enhanced flux-pinning in $YBa_2Cu_3O_{7-\delta}$ films. *Superconductor Science and Technology* **18**, 1533–1538 (2005)

[Goy12] A. Goyal, S. H. Wee, Y. L. Zeuv, C. Cantoni und E. D. Specht. *Nano-engineered defects for enhanced and controlled pinning and j_c of $YBa_2Cu_3O_{7-\delta}$ films.* Vortrag MRS Spring Meeting (San Francisco) (2012)

[Gra76] C. G. Granqvist und R. A. Buhrman. Ultrafine metal particles. *Journal of Applied Physics* **47**, 2200–2219 (1976)

[Gur97] A. Gurevich und E. A. Pashitskii. Enhancement of superconductivity at structural defects in high-temperature superconductors. *Physical Review B* **56**, 6213–6225 (1997)

[Gut07] J. Gutiérrez, A. Llordes, J. Gazquez, M. Gibert, N. Roma, S. Ricart, A. Pomar, F. Sandiumenge, N. Mestres, T. Puig und X. Obradors. Strong isotropic flux pinning in solution-derived $YBa_2Cu_3O_{7-x}$ nanocomposite superconductor films. *Nature Materials* **6**, 367–373 (2007)

[Hab94] H. Haberland, M. Mall, M. Moseler, Y. Qian, T. Reiners und Y. Thurner. Filling of micron-sized contact holes with copper by energetic cluster impact. *Journal of Vacuum Science and Technology A: Vacuum Surfaces and Films* **12**, 2925–2930 (1994)

[Ham89] R. H. Hammond und R. Bormann. Correlation between the in situ growth conditions of YBCO thin films and the thermodynamic stability criteria. *Physica C* **162**, 703–704 (1989). Abbildung 2.6(a) reprinted from publication with permission from Elsevier. License number 3117100590360.

[Har48] L. Harris, D. Jeffries und B. M. Siegel. An Electron Microscope Study of Gold Smoke Deposits. *Journal of Applied Physics* **19**, 791–794 (1948)

[Hau04] T. Haugan, P. N. Barnes, R. Wheeler, F. Meisenkothen und M. Sumption. Addition of nanoparticle dispersions to enhance flux pinning of the $YBa_2Cu_3O_{7-\delta}$ superconductor. *Nature* **430**, 867–870 (2004)

[Hän05a] J. Hänisch. *Strombegrenzende Mechanismen in $YBa_2Cu_3O_{7-\delta}$-Dünnschichten und -Quasimultilagen.* Dissertation Technische Universität Dresden (2005)

[Hän05b] J. Hänisch, C. Cai, R. Hühne, L. Schultz und B. Holzapfel. Formation of nanosized $BaIrO_3$ precipitates and their contribution to flux pinning in Ir-doped $YBa_2Cu_3O_{7-\delta}$ quasi-multilayers. *Applied Physics Letters* **86**, 122508 (2005)

[Hän06] J. Hänisch, C. Cai, V. Stehr, R. Hühne, J. Lyubina, K. Nenkov, G. Fuchs, L. Schultz und B. Holzapfel. Formation and pinning properties of growth-controlled nanoscale precipitates in $YBa_2Cu_3O_{7-\delta}$ transition metal quasi-multilayers. *Superconductor Science and Technology* **19**, 534–540 (2006)

[Hän07] J. Hänisch, J. Storer, C. Sheehan, Y. Coulter und V. Matias. Critical Currents of Overdoped Co-evaporated YBCO Coated Conductors. *MRS Proceedings* **1001-M14-04** (2007)

[Hän12] J. Hänisch und E. Reich. unveröffentlichte Daten (2012)

[Hol93] B. Holzapfel, G. Kreiselmeyer, M. Kraus, G. Saemann-Ischenko, S. Bouffard, S. Klaumunzer und L. Schultz. Angle-resolved critical transport-current density of $YBa_2Cu_3O_{7-\delta}$ thin-films and $YBa_2Cu_3O_{7-\delta}$ /$PrBa_2Cu_3O_{7-\delta}$ superlattices containing columnar defects of various orientations. *Physical Review B* **48**, 600–603 (1993)

[Hol07] E. Hollmann und R. Wördenweber. Analysis of defects in epitaxial oxide thin films via X-ray diffraction technology. *Thin Solid Films* **515**, 3530–3538 (2007)

[Hor06] T. Horide, K. Matsumoto, Y. Yoshida, M. Mukaida, A. Ichinose und S. Horii. Combined effect of a single grain boundary and artificial pinning centers on the critical current density in a $YBa_2Cu_3O_{7-\delta}$ thin film. *Applied Physics Letters* **89** (2006)

[Huh09] H. Huhtinen, K. Schlesier und P. Paturi. Growth and c-axis flux pinning of nanostructured YBCO/BZO multilayers. *Superconductor Science and Technology* **22**, 075019 (2009)

[Hui02] J. M. Huijbregtse, F. C. Klaassen, A. Szepielow, J. H. Rector, B. Dam, R. Griessen, B. J. Kooi und J. T. M. de Hosson. Vortex pinning by natural defects in thin films of $YBa_2Cu_3O_{7-\delta}$. *Superconductor Science and Technology* **15**, 395–404 (2002)

[Ino69] S. Ino. Stability of Multiply-Twinned Particles. *Journal of the Physical Society of Japan* **27**, 941–953 (1969)

[Jan03] D. B. Jan, J. Y. Coulter, M. E. Hawley, L. N. Bulaevskii, M. P. Maley, Q. X. Jia, B. B. Maranville, F. Hellman und X. Q. Pan. Flux pinning enhancement in ferromagnetic and superconducting thin-film multilayers. *Applied Physics Letters* **82**, 778–780 (2003)

[Jor87a] J. D. Jorgensen, M. A. Beno, D. G. Hinks, L. Soderholm, K. J. Volin, R. L. Hitterman, J. D. Grace, I. K. Schuller, C. U. Segre, K. Zhang und M. S. Kleefisch. Oxygen ordering and the orthorhombic-to-tetragonal phase-transition In $YBa_2Cu_3O_{7-x}$. *Physical Review B* **36**, 3608–3616 (1987)

[Jor87b] J. D. Jorgensen, B. W. Veal, W. K. Kwok, G. W. Crabtree, A. Umezawa, L. J. Nowicki und A. P. Palikas. Structural and superconducting properties of orthorhombic and tetragonal $YBa_2Cu_3O_{7-x}$: The effect of oxygen stoichiometry and ordering on superconductivity. *Physical Review B* **36**, 5731–5734 (1987)

[Jor90] J. D. Jorgensen, B. W. Veal, A. P. Paulikas, L. J. Nowicki, G. W. Crabtree, H. Claus und W. K. Kwok. Structural-properties of oxygen-deficient $YBa_2Cu_3O_{7-\delta}$. *Physical Review B* **41**, 1863–1877 (1990)

[Kai10] H. Kai, S. Horii, A. Ichinose, R. Kita, K. Matsumoto, Y. Yoshida, T. Fujiyoshi, R. Teranishi, N. Mori und M. Mukaida. The effects of growth temperature on c-axis-correlated pinning centers in PLD-$ErBa_2Cu_3O_{7-\delta}$ films with $Ba(Er_{0.5}Nb_{0.5})O_3$. *Superconductor Science and Technology* **23**, 025017 (2010)

[Kay05] M. A. Kayali. Theory of pinning in a superconducting thin film pierced by a ferromagnetic columnar defect. *Physical Review B* **71**, 024515 (2005)

[KE96] L. Krusin-Elbaum, L. Civale, J. R. Thompson und C. Feild. Accommodation of vortices to columnar defects: Evidence for large entropic reduction of vortex localization. *Physical Review B* **53**, 11744–11750 (1996)

[Kie11] A. Kiessling, J. Hänisch, T. Thersleff, E. Reich, M. Weigand, R. Hühne, M. Sparing, B. Holzapfel, J. H. Durrell und L. Schultz. Nanocolumns in $YBa_2Cu_3O_{7-x}$/ $BaZrO_3$ quasi-multilayers: formation and influence on superconducting properties. *Superconductor Science and Technology* **24**, 055018 (2011)

[Kim92] H. S. Kim und H. S. Kwok. Correlation between target-substrate distance and oxygen-pressure in pulsed laser deposition of $YBa_2Cu_3O_7$. *Applied Physics Letters* **61**, 2234–2236 (1992)

[Kim94] J. S. Kim und D. R. Gaskell. Stability Diagram for the System $YBa_2Cu_3O_{7-x}$. *Journal of the American Ceramic Society* **77**, 753–758 (1994)

[Kin97] H. Kinder, P. Berberich, W. Prusseit, S. Rieder-Zecha, R. Semerad und B. Utz. YBCO film deposition on very large areas up to 20 Å- 20 cm^2. *Physica C: Superconductivity* **282 - 287, Part 1**, 107–110 (1997)

[Kit98] S. Kittelberger, U. Bolz, R. P. Huebener, B. Holzapfel und L. Mex. Oxygen diffusion in $YBa_2Cu_3O_{7-\delta}$ films with different microstructures. *Physica C* **302**, 93–101 (1998)

[Kna91] O. Knacke, O. Kubaschewski und K. Hesselmann (Eds.). *Thermochemical properties of inorganic substances.* Berlin, Heidelberg, New York, London, Paris, Hong Kong: Springer Verlag und Düsseldorf: Verlag Stahleisen; 2. Aufl. (1991)

[Koc89] R. H. Koch, V. Foglietti, W. J. Gallagher, G. Koren, A. Gupta und M. P. A. Fisher. Experimental evidence for vortex-glass superconductivity in Y-Ba-Cu-O. *Physical Review Letters* **63**, 1511–1514 (1989)

[Kra73] E. J. Kramer. Scaling Laws For Flux Pinning In Hard Superconductors. *Journal of Applied Physics* **44**, 1360–1370 (1973)

[Kul94] R. G. Kulkarni, I. A. Shaikh, J. A. Bhalodia, G. J. Baldha und D. G. Kuberkar. Influence of hole filling by Hf and hole doping by Ca on the superconductivity and flux pinning of $YBa_2Cu_3O_{7-\delta}$. *Physical Review B* **49**, 6299–6304 (1994)

[Kun61] J. E. Kunzler, E. Buehler, F. S. L. Hsu und J. H. Wernick. Superconductivity in Nb_3Sn at High Current Density in a Magnetic Field of 88 kGauss. *Physical Review Letters* **6**, 89–91 (1961)

[Kwo91] H. S. Kwok und Q. Y. Ying. Dynamics of in situ $YBa_2Cu_3O_7$ superconducting film formation. *Physica C* **177**, 122–128 (1991). Abbildung 2.6(b) reprinted from publication with permission from Elsevier. License number 3115900923540 and 3115901192081.

[Lar79] A. I. Larkin und Y. N. Ovchinnikov. Pinning in type II superconductors. *Journal of Low Temperature Physics* **34**, 409–428 (1979)

[Lar01] D. Larbalestier, A. Gurevich, D. M. Feldmann und A. Polyanskii. High-T_c superconducting materials for electric power applications. *Nature* **414**, 368–377 (2001)

[Lin91] T. B. Lindemer, F. A. Washburn, C. S. MacDougall, R. Feenstra und O. B. Cavin. Decomposition of $YBa_2Cu_3O_{7-x}$ and $YBa_2Cu_4O_8$ for $p_{O_2} \leq 0.1$ MPa. *Physica C* **178**, 93–104 (1991)

[Llo12] A. Llordés, A. Palau, J. Gázquez, M. Coll, R. Vlad, A. Pomar, J. Arbiol, R. Guzmán, S. Ye, V. Rouco, F. Sandiumenge, S. Ricart, T. Puig, M. Varela, D. Chateigner, J. Vanacken, J. Gutiérrez, V. Moshchalkov, G. Deutscher, C. Magen und X. Obradors. Nanoscale strain-induced pair suppression as a vortex-pinning mechanism in high-temperature superconductors. *Nature Materials* **11**, 329–336 (2012)

[Lon07] N. J. Long, N. M. Strickland und E. F. Talantsev. Modeling of vortex paths in HTS. *IEEE Transactions on Applied Superconductivity* **17**, 3684–3687 (2007)

[Lon08] N. J. Long. Model for the angular dependence of critical currents in technical superconductors. *Superconductor Science and Technology* **21**, 025007 (2008)

[Luo08] X. Luo, A. A. Demkov, D. Triyoso, P. Fejes, R. Gregory und S. Zollner. Combined experimental and theoretical study of thin hafnia films. *Physical Review B* **78**, 245314 (2008)

[Mai06] B. Maiorov, H. Wang, S. R. Foltyn, Y. Li, R. DePaula, L. Stan, P. N. Arendt und L. Civale. Influence of naturally grown nanoparticles at the buffer layer in the flux pinning in $YBa_2Cu_3O_7$ coated conductors. *Superconductor Science and Technology* **19**, 891–895 (2006)

[Mai09] B. Maiorov, S. A. Baily, H. Zhou, O. Ugurlu, J. A. Kennison, P. C. Dowden, T. G. Holesinger, S. R. Foltyn und L. Civale. Synergetic combination of different types of defect to optimize pinning landscape using $BaZrO_3$-doped $YBa_2Cu_3O_7$. *Nature Materials* **8**, 398–404 (2009)

[Man00] J. Mannhart, H. Bielefeldt, B. Goetz, H. Hilgenkamp, A. Schmehl, C. W. Schneider und R. R. Schulz. Doping induced enhancement of the critical currents of grain boundaries in high-T_c superconductors. *Physica C* **341**, 1393–1396 (2000)

[Mar97] J. I. Martín, M. Vélez, J. Nogués und I. K. Schuller. Flux pinning in a superconductor by an array of submicrometer magnetic dots. *Physical Review Letters* **79**, 1929–1932 (1997)

[Mat91] V. Matijasevic, P. Rosenthal, K. Shinohara, A. F. Marshall, R. H. Hammond und M. R. Beasley. Reactive coevaporation of YBaCuO superconducting films. *Journal of Materials Research* **6**, 682–698 (1991)

[Mat04] K. Matsumoto, T. Horide, K. Osamura, M. Mukaida, Y. Yoshida, A. Ichinose und S. Horii. Enhancement of critical current density of YBCO films by introduction of artificial pinning centers due to the distributed nano-scaled Y_2O_3 islands on substrates. *Physica C* **412-414**, 1267–1271 (2004)

[MD94] J. L. MacManus-Driscoll, J. A. Alonso, P. C. Wang, T. H. Geballe und J. C. Bravman. Studies of structural disorder in $REBa_2Cu_3O_{7-x}$ thin-films (RE = Rare-earth) as a function of rare-earth ionic radius and film deposition conditions. *Physica C* **232**, 288–308 (1994)

[MD04] J. L. MacManus-Driscoll, S. R. Foltyn, Q. X. Jia, H. Wang, A. Serquis, L. Civale, B. Maiorov, M. E. Hawley, M. P. Maley und D. E. Peterson. Strongly enhanced current densities in superconducting coated conductors of $YBa_2Cu_3O_{7-\delta}$ + $BaZrO_3$. *Nature Materials* **3**, 439–443 (2004)

[MD05] J. MacManus-Driscoll, S. Foltyn, B. Maiorov, Q. X. Jia, H. Wang, A. Serquis, L. Civale, Y. Lin, M. E. Hawley, M. P. Maley und D. E. Peterson. Rare earth ion size effects and enhanced critical current densities in $Y_{2/3}Sm_{1/3}Ba_2Cu_3O_{7-\delta}$ coated conductors. *Applied Physics Letters* **86**, 032505 (2005)

[MD06] J. L. MacManus-Driscoll, B. Maiorov, J. Durrell, S. Foltyn, Q. X. Jia, L. Civale, H. Wang, A. Kursumovic und D. E. Peterson. Guidelines for optimizing random and correlated pinning in rare-earth-based superconducting films. *Superconductor Science and Technology* **19**, S55–S59 (2006)

[Mel05] P. Mele, K. Matsumoto, T. Horide, O. Miura, A. Ichinose, M. Mukaida, Y. Yoshida und S. Horii. Control of Y_2O_3 nanoislands deposition parameters in order to induce defects formation and its influence on the critical current density of YBCO films. *Physica C* **426**, 1108–1112 (2005)

[Mel06a] P. Mele, K. Matsumoto, T. Horide, O. Miura, A. Ichinose, M. Mukaida, Y. Yoshida und S. Horii. Critical current enhancement in PLD $YBa_2Cu_3O_{7-x}$ films using artificial pinning centers. *Physica C: Superconductivity* **445-448**, 648–651 (2006)

[Mel06b] P. Mele, K. Matsumoto, T. Horide, O. Miura, A. Ichinose, M. Mukaida, Y. Yoshida und S. Horii. Tuning of the critical current in $YBa_2Cu_3O_{7-x}$ thin films by controlling the size and density of Y_2O_3 nanoislands on annealed $SrTiO_3$ substrates. *Superconductor Science and Technology* **19**, 44–50 (2006)

[Moh12] E. Mohn. *Optische Kurzzeit-Wärmebehandlung von FePt-Nanopartikeln im Flug: Einfluss auf Struktur und Magnetismus.* Dissertation Technische Universität Dresden (2012)

[Muk06] A. B. Mukhopadhyay, J. F. Sanz und C. B. Musgrave. First-principles calculations of structural and electronic properties of monoclinic hafnia surfaces. *Physical Review B* **73**, 115330 (2006)

[Nel45] J. B. Nelson und D. P. Riley. An experimental investigation of extrapolation methods in the derivation of accurate unit-cell dimensions of crystals. *Proceedings of the Physical Society* **57**, 160 (1945)

[Nie04] J. C. Nie, H. Yamasaki, H. Yamada, Y. Nakagawa, K. Dvelos-Bagarinao und Y. Mawatari. Evidence for c-axis correlated vortex pinning in $YBa_2Cu_3O_{7-\delta}$ films on sapphire buffered with an atomically flat CeO_2 layer having a high density of nanodots. *Superconductor Science and Technology* **17**, 845–852 (2004)

[Obr11] X. Obradors, T. Puig, A. Palau, A. Pomar, F. Sandiumenge, P. Mele und K. Matsumoto. 3.10 - Nanostructured Superconductors with Efficient Vortex Pinning.

In D. L. Andrews, G. D. Scholes und G. P. Wiederrecht (Eds.), *Comprehensive Nanoscience and Technology*, 303–349. Academic Press Amsterdam (2011)

[Pal11] A. Palau, A. Llordes, M. Gibert, T. Puig, A. Pomar und X. Obradors. Pinning Landscape Analysis in YBCO Films With Epitaxial and/or Non-Coherent BZO Nanoparticles. *IEEE Transactions on Applied Superconductivity* **21**, 3243–3246 (2011)

[Pan04] A. V. Pan, Y. Zhao, M. Ionescu, S. X. Dou, V. A Komashko, V. S. Flis und V. M. Pan. Thermally activated depinning of individual vortices in $YBa_2Cu_3O_7$ superconducting films. *Physica C: Superconductivity* **407**, 10–16 (2004)

[Pat10] P. Paturi. The vortex path model and angular dependence of J_c in thin YBCO films deposited from undoped and $BaZrO_3$-doped targets. *Superconductor Science and Technology* **23**, 025030 (2010)

[Pfu30] A. H. Pfund. Bismuth black and its applications. *Review of Scientific Instruments* **1**, 397–399 (1930)

[Poh12] D. Pohl und B. Rellinghaus. unveröffentlichte Daten (2012)

[Pro94] R. Prozorov, A. Tsameret, Y. Yeshurun, G. Koren, M. Konczykowski und S. Bouffard. Angular dependence of the magnetic properties of thin $YBa_2Cu_3O_{7-\delta}$ films irradiated with Pb and Xe ions. *Physica C: Superconductivity* **234**, 311–317 (1994)

[Pui08] T. Puig, J. Gutiérrez, A. Pomar, A. Llordes, J. Gazquez, S. Ricart, F. Sandiumenge und X. Obradors. Vortex pinning in chemical solution nanostructured YBCO films. *Superconductor Science and Technology* **21** (2008)

[Rei99] L. Reimer und C. Pfefferkorn. *Raster-Elektronenmikroskopie.* Springer, Berlin; 2. Aufl. (1999)

[Rei11] E. Reich. *Schichtwachstum und Supraleitung von kupratbasierten Quasimultilagen und Oxipniktiden.* Dissertation Technische Universität Dresden (2011)

[Rel01] B. Rellinghaus, S. Stappert, E. F. Wassermann, H. Sauer und B. Spliethoff. The effect of oxidation on the structure of nickel nanoparticles. *European Physical Journal D* **16**, 249–252 (2001)

[Rel03] B. Rellinghaus, S. Stappert, M. Acet und E. F. Wassermann. Magnetic properties of FePt nanoparticles. *Journal of Magnetism and Magnetic Materials* **266**, 142–154 (2003)

[Rel06] B. Rellinghaus, E. Mohn, L. Schultz, T. Gemming, M. Acet, A. Kowalik und B.F. Kock. On the $L1_0$ Ordering Kinetics in Fe-Pt Nanoparticles. *IEEE Transactions on Magnetics* **42**, 3048–3050 (2006)

[Rüm10] M. H. Rümmeli, F. Schäffel, A. Bachmatiuk, D. Adebimpe, G. Trotter, F. Borrnert, A. Scott, E. Coric, M. Sparing, B. Rellinghaus, P. G. McCormick, G. Cuniberti, M. Knupfer, L. Schultz und B. Büchner. Investigating the Outskirts of Fe and Co Catalyst Particles in Alumina-Supported Catalytic CVD Carbon Nanotube Growth. *ACS Nano* **4**, 1146–1152 (2010)

[Roa89a] B. Roas, B. Hensel, G. Endres, L. Schultz und G. Saemann-Ischenko. Superconducting properties of irradiation-induced effects in epitaxial YBaCuO thin-films. *Thin Solid Films* **174**, 179–183 (1989)

[Roa89b] B. Roas, L. Schultz und G. Endres. Superconducting Properties of Laser Evaporated Epitaxial Y-Ba-Cu-O Thin-films. *Journal of the Less-common Metals* **151**, 413–418 (1989)

[Roa90] B. Roas, L. Schultz und G. Saemann-Ischenko. Anisotropy of the Critical Current-density In Epitaxial $YBa_2Cu_3O_x$ Films. *Physical Review Letters* **64**, 479–482 (1990)

[Rot91] S. J. Rothman, J. L. Routbort, U. Welp und J. E. Baker. Anisotropy of oxygen tracer diffusion in single-crystal $YBa_2Cu_3O_{7-\delta}$. *Physical Review B* **44**, 2326–2331 (1991)

[San01] J. Santiso, A. Figueras, A. Moya und F. Baudenbacher. YBCO films with induced composition gradient: an accurate exploration of the film growth characteristics. *Physica C* **351**, 155–162 (2001)

[Sch92] W. Schatt. *Sintervorgänge*. VDI-Verlag (1992)

[Sch06] F. Schäffel. *Morphologische und kristallographische Charakterisierung von FePt-Nanopartikeln aus einer Gas-Aggregationsquelle*. Diplomarbeit Technische Universität Dresden (2006)

[Sch09a] F. Schäffel. *Synthesis, characterization and modification of carbon nanomaterials*. Dissertation Technische Universität Dresden (2009)

[Sch09b] R. Schmittgens, M. Wolf und E. Schultheiss. A Versatile System for Large Area Coating of Nanocomposite Thin Films. *Plasma Processes and Polymers* **6**, S912–S916 (2009)

[Sch11] C. Schünemann, F. Schäffel, A. Bachmatiuk, U. Queitsch, M. Sparing, B. Rellinghaus, K. Lafdi, L. Schultz, B. Büchner und M. H. Rümmeli. Catalyst Poisoning by Amorphous Carbon during Carbon Nanotube Growth: Fact or Fiction? *ACS Nano* **5**, 8928–8934 (2011)

[Shc99] V. A. Shchukin und D. Bimberg. Spontaneous ordering of nanostructures on crystal surfaces. *Review of Modern Physics* **71**, 1125–1171 (1999)

[Spa07a] M. Sparing. *Einsatz von Y_2O_3 -Nanopartikeln aus der Gasphase zur Erzeugung von Pinningzentren in $YBa_2Cu_3O_{7-\delta}$-Dünnschichten*. Diplomarbeit Technische Universität Dresden (2007)

[Spa07b] M. Sparing, E. Backen, T. Freudenberg, R. Hühne, B. Rellinghaus, L. Schultz und B. Holzapfel. Artificial pinning centres in YBCO thin films induced by substrate decoration with gas-phase-prepared Y_2O_3 nanoparticles. *Superconductor Science and Technology* **20**, S239–S246 (2007)

[Spi09] L. Spieß, G. Teichert, R. Schwarzer, H. Behnken und C. Genzel. *Moderne Röntgenbeugung : Röntgendiffraktometrie für Materialwissenschaftler, Physiker und Chemiker.* Wiesbaden Vieweg + Teubner 2009; 2. Aufl. (2009)

[Sta03] S. Stappert. *FePt-Nanopartikel aus der Gasphase - Herstellung, Struktur und Magnetismus.* Dissertation Universität Duisburg-Essen (2003)

[Str04] N. M. Strickland, A. Semwal, G. V. M. Williams, D. T. Verebelyi und W. Zhang. Optimizing the doping state of YBCO coated conductors. *Superconductor Science and Technology* **17**, S473 (2004)

[Sun96] J. J. Sun, B. R. Zhao, B. Xu, S. Q. Guo, B. Yin, J. W. Li und L. Li. Critical current and flux pinning in c-axis oriented $YBa_2Cu_3O_7/PrBa_2Cu_3O_7$ superlattices. *Physica Status Solidi A-applied Research* **157**, 115–120 (1996)

[Sur12] A. Surrey. *TEM-Untersuchung nanoskaliger Materialien für die Wasserstoffspeicherung.* laufende Dissertation Technische Universität Dresden (2012)

[Tal95] J. L. Tallon, C. Bernhard, H. Shaked, R. L. Hitterman und J. D. Jorgensen. Generic superconducting phase behavior in high-T_c cuprates: T_c variation with hole concentration in $YBa_2Cu_3O_{7-\delta}$. *Physical Review B* **51**, 12911–12914 (1995)

[The11] T. Thersleff. *The Nanoscale Characterization of Functional Superconducting Thin Films.* Dissertation Technische Universität Dresden (2011)

[Ull90] B. Ullmann, R. Wördenweber, K. Heinemann und H. C. Freyhardt. Aspects of substitution of magnetic ions Fe, Ni and Gd In YBCO-HTSC. *Physica C: Superconductivity and its Applications* **170**, 71–79 (1990)

[Wan06] H. Wang, S. R. Foltyn, P. N. Arendt, Q. X. Jia und X. Zhang. Identification of the misfit dislocations at $YBa_2Cu_3O_{7-\delta}$ /$SrTiO_3$ interface using moiré fringe contrast. *Physica C: Superconductivity and its Applications* **444**, 1–4 (2006)

[Wil09] D. B. Williams und C. B. Carter. *Transmission Electron Microscopy A Textbook for Materials Science.* Springer Science+Business Media (2009)

[Wim10] S. C. Wimbush, J. H. Durrell, C. F. Tsai, H. Wang, Q. X. Jia, M. G. Blamire und J. L. MacManus-Driscoll. Enhanced critical current in $YBa_2Cu_3O_{7-\delta}$ thin films through pinning by ferromagnetic $YFeO_3$ nanoparticles. *Superconductor Science and Technology* **23**, 045019 (2010)

[Wim11a] S. C. Wimbush, J. H. Durrell, M. G. Blamire und J. L. MacManus-Driscoll. Strong Flux Pinning by Magnetic Interlayers Compatible with $YBa_2Cu_3O_{7-\delta}$. *IEEE Transactions on Applied Superconductivity* **21**, 3159–3161 (2011)

[Wim11b] S. C. Wimbush und N. J. Long. The interpretation of the field angle dependence of the critical current in defect-engineered superconductors. *arXiv:* **1111.4252v1[cond-mat.supr-con]** (2011)

[Wor11] H. Worch, W. Pompe und W. Schatt (Eds.). *Werkstoffwissenschaft.* Wiley-VCH Verlag GmbH & Co. KGaA; 10. Aufl. (2011)

[Wu87] M. K. Wu, J. R. Ashburn, C. J. Torng, P. H. Hor, R. L. Meng, L. Gao, Z. J. Huang, Y. Q. Wang und C. W. Chu. Superconductivity at 93 K in a new mixed-phase Y-Ba-Cu-O compound system at ambient pressure. *Physical Review Letters* **58**, 908–910 (1987)

[Yam05] Y. Yamada, K. Takahashi, H. Kobayashi, M. Konishi, T. Watanabe, A. Ibi, T. Muroga, S. Miyata, T. Kato, T. Hirayama und Y. Shiohara. Epitaxial nanostructure and defects effective for pinning in $Y(RE)Ba_2Cu_3O_{7-x}$ coated conductors. *Applied Physics Letters* **87**, 132502–3 (2005)

[Ye93] J. H. Ye und K. Nakamura. Quantitative structure analyses of $YBa_2Cu_3O_{7-\delta}$ thin films: Determination of oxygen content from x-ray-diffraction patterns. *Physical Review B* **48**, 7554–7564 (1993)

[Yes88] Y. Yeshurun und A. P. Malozemoff. Giant flux creep and irreversibility in an Y-Ba-Cu-O Crystal - An alternative to the superconducting-glass model. *Physical Review Letters* **60**, 2202–2205 (1988)

[Zue08] Y. L. Zuev, D. K. Christen, S. H. Wee, A. Goyal und S. W. Cook. Near-isotropic performance of intrinsically anisotropic high-temperature superconducting tapes due to self-assembled nanostructures. *Applied Physics Letters* **93**, 172512 (2008)

Eigene Veröffentlichungen

[1] **M. Sparing**, E. Backen, T. Freudenberg, R. Hühne, B. Rellinghaus, L. Schultz und B. Holzapfel. Artificial pinning centres in YBCO thin films induced by substrate decoration with gas-phase-prepared Y_2O_3 nanoparticles. *Superconductor Science and Technology* **20**, S239-S246 (2007)

[2] M. H. Rümmeli, F. Schäffel, A. Bachmatiuk, D. Adebimpe, G. Trotter, F. Borrnert, A. Scott, E. Coric, **M. Sparing**, B. Rellinghaus, P. G. McCormick, G. Cuniberti, M. Knupfer, L. Schultz und B. Büchner. Investigating the Outskirts of Fe and Co Catalyst Particles in Alumina-Supported Catalytic CVD Carbon Nanotube Growth. *ACS Nano* **4**, 1146–1152 (2010)

[3] A. Kiessling, J. Hänisch, T. Thersleff, E. Reich, M. Weigand, R. Hühne, **M. Sparing**, B. Holzapfel, J. H. Durrell und L. Schultz. Nanocolumns in $YBa_2Cu_3O_{7-x}/BaZrO_3$ quasi-multilayers: formation and influence on superconducting properties. *Superconductor Science and Technology* **24**, 055018-p1-055018-p6 (2011)

[4] C. Schünemann, F. Schäffel, A. Bachmatiuk, U. Queitsch, **M. Sparing**, B. Rellinghaus, K. Lafdi, L. Schultz, B. Büchner und M. H. Rümmeli. Catalyst Poisoning by Amorphous Carbon during Carbon Nanotube Growth: Fact or Fiction? *ACS Nano* **5**, 8928–8934 (2011)

Danksagung

Die vorliegende Dissertation wurde am Institut für Festkörper- und Werkstoffforschung Dresden (IFW Dresden e.V.) angefertigt. Ich danke der Leitung und den Mitarbeitern des Institutes, die durch ihre Ideen, viele fachliche Diskussionen, praktische Unterstützung und das angenehme Arbeitsklima sehr zum Gelingen dieser Arbeit beigetragen haben.

Mein besonderer Dank gilt meinem Doktorvater Professor Ludwig Schultz, der mich während des Studiums für die Supraleitung begeistert hat, für die Förderung meiner wissenschaftlichen Arbeit und die engagierte Unterstützung bei der Bewerbung um Stipendien.
Professor Michael Siegel danke ich für sein Interesse an meinem Promotionsthema und die Bereitschaft das zweite Gutachten zu erstellen.
Dr. Bernd Rellinghaus und Professor Bernhard Holzapfel danke ich für die wissenschaftliche Betreuung meiner Arbeit und das mir entgegengebrachte Vertrauen bei der Planung und Umsetzung dieses Projektes sowie die Gelegenheit an zahlreichen internationalen Konferenzen und Workshops teilnehmen zu können.

Die Entwicklung und der Aufbau einer UHV-Anlage ist eine vielfältige und spannende Aufgabe. An dieser Stelle möchte ich mich ausdrücklich bei den Mitarbeitern des Bereiches Forschungstechnik am IFW Dresden bedanken, die mit ihrer Erfahrung und ihrem Sachverstand dazu beigetragen haben, dass aus meinen ersten Skizzen innerhalb von 2 Jahren eine funktionierende Anlage wurde.
Professor Dirk Lindackers, Dr. Ralf Voigtländer und Alexander Horst danke ich für die Weiterentwicklung und den Bau des Targetkarussells, der Verschiebeeinheit und des rotierbaren Substrathalters sowie für die Anfertigung von 3-D Zeichnungen der Kammer. Den Mitarbeitern der Werkstatt, insbesondere Steffen Grundkowski und F. Thunig, danke ich für die Fertigung zahlreicher Bauteile und die zügige Bearbeitung der Aufträge. Ich danke Uwe Reinhold für die strukturierte Planung und Programmierung der Steuereinheit der Anlage und Peter Werner für die Installation der Elektrik sowie Knut Ulbrich für die Installation der Gas- und Wasseranschlüsse.
Des Weiteren danke ich Paul Rummery von *Kurt J. Lesker*, Heinz-Klaus Liebsch von *Leybold*, Andreas Zimmermann von *Vacom*, Cas Damen von *TSST* und der Firma *dreebit* für die Beratung bei der Auswahl geeigneter Komponenten und die gute Zusammenarbeit in den vergangen Jahren.

Dr. Jens Hänisch gilt mein besonderer Dank für sein stetiges Interesse an meinem arsenfreien Thema und die vielen kritischen und sehr lehrreichen Diskussionen der Ergebnisse und des Manuskripts.
Dr. Elke Reich danke ich für ihre Unterstützung während der gesamten Promotionszeit, die gemeinsame Arbeit an unseren PLD-Anlagen und am TEM sowie ihre hilfreichen Anregungen zur Gestaltung dieser Arbeit.

Dr. Ruben Hühne gilt mein Dank für die Installation der Software und die Texturmessungen sowie für seine Hilfe bei der Planung der Anlage.
Dr. Sebastian Fähler bin ich sehr dankbar, dass er die Programmierung der Lasersteuerung und die Konstruktion des Targetkarussells übernommen hat.
Tina Sturm danke ich von Herzen für ihre große Unterstützung und Geduld beim Aufbau der Sputter-PLD-Anlage und der Herstellung und Analyse der Partikel und Multilagen.
Der Nanopartikel-Gruppe danke ich für die ausführlichen Diskussionen zur Partikelsynthese und zur hochauflösenden Transmissionselektronenmikroskopie. Ich danke Darius Pohl und Anja Kießling für die Anfertigung von HR-TEM-Aufnahmen und EELS-Messungen sowie Elias Mohn für den Erfahrungsaustausch zum Aufbau der Nanopartikel-Depositionsanlage.
Dr. Tom Thersleff danke ich für die Präparation und Analyse der FIB-Lamellen im TEM und seine Interpretation von schwarzen und weißen Streifen. Ebenso gilt mein Dank Juliane Scheiter für die Präparation weiterer FIB-Lamellen. Für die freundliche Hilfe bei allen auftretenden Problemen am TEM danke ich Christine Mickel.
Michael Kühnel, Ulrike Besold und Ulrike Fiedler danke ich für die induktive Messung der kritischen Temperatur meiner Proben und die unkomplizierte Hilfe im Laboralltag. Ebenfalls danken möchte ich Patrick Pahlke und Michael Kühnel für die Beschichtung der Proben mit Gold und das Ionenstrahlätzen der strukturierten Proben.
Ich danke Dr. Volker Hoffmann und seinen Mitarbeitern für die ICP-MS-Analyse des Targetmaterials und Dr. Jens Ingolf Mönch für die zügige Strukturierung der Proben im Reinraum.
Für die Physik zum Kaffee und das kritische Lesen des Manuskripts danke ich Dr. Silvia Haindl. Dr. Mark Rümmeli danke ich für die interessanten Diskussionen zum Wachstum von Kohlenstoffnanoröhren. Dr. Stuart Wimbush gilt mein Dank für die hilfreichen Informationen zu magnetischen Pinningzentren weit über den Inhalt seiner Paper hinaus.
Meinen studentischen Mitarbeitern Tino Gottschall, Yiliang Xu, Sophie Müller, Johannes Klotz und Max Sieger danke ich für ihre sorgfältige und selbständige Arbeit und ganz besonders für ihre guten Fragen und Anregungen.

Der Studienstiftung des deutschen Volkes danke ich für die Finanzierung meiner Arbeit mit einem 3-jährigen Promotionsstipendium. Diese Förderung verdanke ich auch mehreren Gutachten, für deren Erstellung ich an dieser Stelle Professor Heinz-Eberhard Mahnke, Professor Bernd Kieback und Professor Peter Ruge Dank sage.

Für die Unterstützung bei der alltäglichen Arbeit, unzählige aufmunternde Worte und die nötige Ablenkung in den vergangen Jahren danke ich Thomas Freudenberg, Dr. Marko Herrmann, Dr. David Geißler, Dr. Tom Woodcock, Dr. Tim Niemeier, Dr. Kazumasa Iida, Jan Engelmann, Sandra Kauffmann-Weiß, Alexander Surrey, Anja Backen, Anett Diestel, Manuela Erbe und der gesamten Kaffee- & Mittags-Runde sowie Christoph Müller.

Herzlich danke ich meiner Familie, auf deren liebevolle Unterstützung ich mich immer verlassen kann.